国家出版基金项目
NATIONAL PUBLICATION FOUNDATION

中华传统食材丛书

总主编　魏兆军　陈寿宏

参草卷

主　编　陈玉蓉　陈寿宏
编　委　张一格　刘苗苗　王　睿

合肥工业大学出版社

图书在版编目（CIP）数据

中华传统食材丛书.参草卷/陈玉蓉，陈寿宏主编.—合肥：合肥工业大学出版社，2022.8

ISBN 978-7-5650-5124-1

Ⅰ.①中…　Ⅱ.①陈…　②陈…　Ⅲ.①烹饪—原料—介绍—中国　Ⅳ.①TS972.111

中国版本图书馆CIP数据核字（2022）第157776号

中华传统食材丛书·参草卷

ZHONGHUA CHUANTONG SHICAI CONGSHU SHENCAO JUAN

陈玉蓉　陈寿宏　主编

项目负责人	王　磊　陆向军
责任编辑	袁　媛
责任印制	程玉平　张　芹
出　　版	合肥工业大学出版社
地　　址	（230009）合肥市屯溪路193号
网　　址	www.hfutpress.com.cn
电　　话	基础与职业教育出版中心：0551-62903120 营销与储运管理中心：0551-62903198
开　　本	710毫米×1010毫米　1/16
印　　张	11.25　**字　数**　156千字
版　　次	2022年8月第1版
印　　次	2022年8月第1次印刷
印　　刷	安徽联众印刷有限公司
发　　行	全国新华书店
书　　号	ISBN 978-7-5650-5124-1
定　　价	99.00元

总序

健康是促进人类全面发展的必然要求，《“健康中国2030”规划纲要》中提出，实现国民健康长寿，是国家富强、民族振兴的重要标志，也是全国各族人民的共同愿望。世界卫生组织（WHO）评估表明膳食营养因素对健康的作用大于医疗因素。“民以食为天”，当前，为了满足人民日益增长的美好生活的需求，对食品的美味、营养、健康、方便提出了更高的要求。

中国传统饮食文化博大精深。从上古时期的充饥果腹，到如今的五味调和；从简单的填塞入口，到复杂的品味尝鲜；从简陋的捧土为皿，到精美的餐具食器；从烟火街巷的夜市小吃，到钟鸣鼎食的珍馐奇馔；从“下火上水即为烹饪”，到“拌、腌、卤、炒、熘、烧、焖、蒸、烤、煎、炸、炖、煮、煲、烩”十五种技法以及“鲁、川、粤、徽、浙、闽、苏、湘”八大菜系的选材、配方和技艺，在浩渺的时空中穿梭、演变、再生，形成了绵长而丰富的中华传统饮食文化。中华传统食品既要传承又要创新，在传承的基础上创新，在创新的基础上发展，实现未来食品的多元化和可持续发展。

中华传统饮食文化体现了“大食物观”的核心——食材多元化，肉、蛋、禽、奶、鱼、菜、果、菌、茶等是食物；酒也是食物。中国人讲究“靠山吃山、靠海吃海”，这不仅是一种因地制宜的变通，更是顺应自然的中国式生存之道。中华大地幅员辽阔、地大物博，拥有世界上最多样的地理环境，高原、山林、湖泊、海岸，这种巨大的地理跨度形成了丰富的物种库，潜在食物资源位居世界前列。

“中华传统食材丛书”定位科普性，注重中华传统食材的科学性和文化性。丛书共分为30卷，分别为《药食同源卷》《主粮卷》《杂粮卷》《油脂卷》《蔬菜卷》《野菜卷（上册）》《野菜卷（下册）》《瓜茄卷》《豆荚芽菜卷》《籽实卷》《热带水果卷》《温寒带水果卷》《野果卷》《干坚果卷》《菌藻卷》《参草卷》《滋补卷》《花卉卷》《蛋乳卷》《海洋鱼卷》《淡水鱼卷》《虾蟹卷》《软体动物卷》《昆虫卷》《家禽卷》《家畜卷》《茶叶卷》《酒品卷》《调味品卷》《传统食品添加剂卷》。丛书共收录了食材类目944种，历代食材相关诗歌、谚语、民谣900多首，传说故事或延伸阅读900余则，相关图片近3000幅。丛书的编者团队汇聚了来自食品科学、营养学、中药学、动物学、植物学、农学、文学等多个学科的学者专家。每种食材从物种本源、营养及成分、食材功能、烹饪与加工、食用注意、传说故事或延伸阅读等诸多方面进行介绍。编者团队耗时多年，参阅大量经、史、医书、药典、农书、文学作品等，记录了大量尚未见经传、流散于民间的诗歌、谚语、歌谣、楹联、传说故事等。丛书在文献资料整理、文化创作等方面具有高度的创新性、思想性和学术性，并具有重要的社会价值、文化价值、科学价值和出版价值。

对中华传统食材的传承和创新是该丛书的重要特点。一方面，丛书对中国传统食材及文化进行了系统、全面、细致的收集、总结和宣传；另一方面，在传承的基础上，注重食材的营养、加工等方面的科学知识的宣传。相信“中华传统食材丛书”的出版发行，将对实现“健康中国”的战略目标具有重要的推动作用；为实现“大食物观”的多元化食材和扩展食物来源提供参考；同时，也必将进一步坚定中华民族的文化自信，推动社会主义文化的繁荣兴盛。

人间烟火气，最抚凡人心。开卷有益，让米面粮油、畜禽肉蛋、陆海水产、蔬菜瓜果、花卉菌藻携豆乳、茶酒醋调等中华传统食材一起来保障人民的健康！

中国工程院院士

2022年8月

序

“开心定魂魄，忧恚何足洗。糜身辅吾生，既食首重稽。”句出唐宋八大家之一苏东坡“罗浮山上咏草药”中《人参》一诗，读后令人回味无穷。

中医药养生是中华民族在长期生活实践中，特别是在与疾病作斗争及抗衰老的实践中产生并发展起来的，现已成为中医药膳学的一个重要组成部分。传统的中药（参草）养生理论以养为先，通过养生使人身体保持或恢复健康，这是中医使用参草最具特色的一种方式，还是区别于其他医学的核心内容，也是中华养生学中常用的方法之一。参草食疗养生以中医基础理论为本，融合我国传统医学、饮食文化特点，根据“药食同源、医养同功”的原则，及寓药物和食物于一体的思维，充分发挥药物和食物的和谐统一，从而让养生功效最大化。

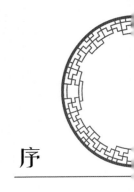

这种既能养生保健，又能食之饱腹的特殊食品——参草，若食用得法，会有显著效果。它是用食物之味，取药物之性，药借食力，食助药威，二者相辅相成，从而达到“药食同源和药食同疗”的目的。作为我国传统膳食文化一脉，它既有传统美食作用，又有着药物治疗的作用，寓保健于日常餐饮之中。因此，越来越受到崇尚“回归自然、返璞归真”的人们的喜爱。但在实际使用时，人们又难免会有困惑：哪些是传统搭配的参草食材？如何搭配？适用于哪些人群？又有哪些禁忌等实际问题。为此，我们组织了相关的研究工作者编撰了本书。

本书按同目、同科的参草排列在一起的原则，收录了常见参草31种。以每一种参草为纲，对物种本源、营养及成分、食材功能、烹饪与加工、食用注意及传说故事都作了详尽的论述，并配有精美插图。本书内容丰富、科学实用，对中医药膳研究工作者是“抛砖引玉”，有“推陈出新”之功；对广大药食养生保健爱好者来说，能从药食同源中获得维护健康、美食养生的基本常识。

在编写本书时，得到张一格、刘苗苗、王睿三位老师的全力支持和帮助，在此，谨表示衷心感谢。此外，本书还参考引用诸多文献，限于篇幅未能一一标明出处，敬请谅解。

河南大学康文艺教授审阅了本书，并提出宝贵的修改意见，在此表示衷心的感谢。

由于编者水平有限，书中错误在所难免，恳请广大读者批评指正。

编　者

2022年7月于麋鹿故乡

目录

人参

移参窗北地，经岁日不至。
悠悠荒郊云，背植足阴气。
新雨养陈根，乃复作药饵。
天涯葵藿心，怜尔独种参。

——《郊孟郊体七（其二）》
（南宋）谢翱

一、物种本源

拉丁文名称，种属名

人参（*Panax ginseng* C. A. Mey.）是五加科人参属多年生草本植物，又名蓡、圆参、棒槌、人衔、鬼盖、神草、土精、地精、海腴、山参、人葠等。本品介绍的人参特指人工栽培的人参。

形态特征

人参是多年生草本，根状茎（芦头）短，直立或斜上，不增厚成块状。主根肥大，呈纺锤形或圆柱形。

习性，生长环境

人参多生长于北纬33°~48°的落叶阔叶林或针叶阔叶混交林下，主要产于韩国、俄罗斯东部、日本、朝鲜、中国东北，是闻名遐迩的“东北三宝”之一。

人参花

我国东北人参产量占全国人参的九成以上，是中国人参主产区，主要分布在吉林省东部、临江、吉安、抚松和通化等地。另外，俄罗斯与我国接壤的远东和朝鲜亦有产出。现在流行于市的大多为人工栽培园参，野山参罕见。

二、营养及成分

人参最主要的功效成分是各种各样的人参皂苷，例如Rh_2、Rg_5、Rc等，目前已经成功分离出来的稀有人参皂苷有60多种。据测定，人参含有19种氨基酸，多肽类、人参多糖、有机酸类、微量元素、蛋白质、水杨酸等，以及人参酶类、人参皂苷、挥发油、生物碱、萜类等成分。从人参根上切下来的根须，名“参须”，其成分种类与人参相当，但含量较少。

三、食材功能

性味 味甘、微苦，性微温。

归经 归脾、肺经。

功能

（1）抗衰老。人参具有较强的抗衰老功能，源于其含有的人参皂苷、维生素、多种氨基酸、糖等。这些生物活性物质能刺激功能低下的生理系统并使其反应趋于正常，因此服用人参可延缓细胞衰老，以及增强细胞活力。

（2）降血脂。高血脂患者服用人参可以有效降低血脂浓度。人参皂苷可以促进人体脂质的代谢，使血液中脂蛋白和胆固醇合成、分解、转化、加速排泄，最终起到降低血中胆固醇的作用。

（3）改善心脏功能。人参可以减慢心律，增加心肌的收缩力，增加冠状动脉血流量和输出量，并能改善心律不齐和心肌缺血。对心血管、心脏功能、血液流动都有一定的影响。

（4）护肤美白。人参活性物质还可抑制黑色素的生成，其浸出液被皮肤缓慢吸收后，具有增强皮肤弹性等功能。

四、烹饪与加工

参苓粥

（1）材料：人参、白茯苓（去黑皮）、粳米、生姜、盐少许。

（2）做法：将人参、白茯苓、生姜水煎，去渣取汁；将粳米下入药汁内煮作粥，临熟时加入少许食盐，搅匀即可。

人参滋补汤

人参滋补汤

（1）材料：人参、排骨、盐、味精、红枣、枸杞。

（2）做法：将人参润透，洗净；排骨洗净，切成块，放入砂锅底部，随后放入人参、红枣、枸杞，加水适量。将砂锅置武火上烧沸，打去浮沫。继续炖煮，加入盐、味精调味即可。

五、食用注意

（1）人参作补益时，要去除参芦（茎），因参芦有涌吐的副作用，易致呕吐。

（2）失眠时不能服用人参，会令中枢神经兴奋从而降低睡眠质量。

参童避难闯关东的传说

黑龙江抚松县，被人们被誉为“人参之乡”。东北谚语有：“东三省，三宗宝，人参貂皮乌拉草。”传说山东才真正是人参的故乡呢，这里有个神话故事。

相传，很久以前，山东有座云梦山，山上有座云梦寺，寺里有两个和尚，一师一徒，师父无心在山上烧香念佛，经常下山与朋友吃喝玩乐，平时，对小徒弟百般虐待。小徒弟被师父折磨得面黄肌瘦。

有一天，师父又下山会友，小徒弟正在庙里干活，不知从哪里跑来一个红肚兜小孩，帮小和尚做事。从此以后，只要师父一外出，红肚兜小孩就来帮小徒弟的忙，师父一回寺，小孩就不见了。

日子久了，师父见小徒弟脸色红润，再多的活也能干完，感到很奇怪。他把小徒弟叫来，威逼盘问，小徒弟只好说出真情。师父心里思忖，深山僻岭，哪来的红肚兜小孩呢？莫非是神草棒槌？他从箱子里取出一根红线，穿上针，递给小徒弟，并交代：“等孩子来玩的时候，悄悄把针别在小孩的红肚兜上。”

第二天，师父又下山了，小徒弟本想把实情告诉红肚兜小孩，可又怕师父打骂，只得趁小孩急着回家的时候，把针别在小孩兜肚上。

第三天清晨，师父把徒弟锁在家里，拿着镐头，顺着红线，找到一棵老红松旁边，看到那根针插在一棵棒槌苗子上。他高兴极了，举镐就刨，挖出一个“参童”来。拿到寺里，把“参童”放进锅内，加上盖，压上石头，然后，叫小徒弟升火烧煮。偏巧这时候，师父的朋友又来找师父下山去玩，师父临走时，对小徒弟千叮万嘱："我不回来，不准揭锅！"师父走后，锅里不断喷出异常的香气，小徒弟出于好奇，揭开锅盖，原来锅里煮着一只大棒槌，香气冲鼻，掐下一块放进嘴里一尝，味道又甜又香，于是，不管三七二十一，干脆吃个精光，连汤都喝个干净。就在这时，师父急急忙忙地赶了回来，小徒弟一急，不知所措，在寺院里跑了两步，顿觉两腿轻飘，腾空而去。师父一看这般情景，知道"参童"被小徒弟偷吃了，懊悔莫及。

原来，红肚兜小孩就是那棵人参变的。老红松树下长着一对人参，自从那棵"参童"被老和尚挖走以后，剩下的这棵人参对着老红松哭哭啼啼。老红松说："好孩子，别哭了，我带你到关东去吧，那里人烟稀少，我可永远保护着你。"人参不哭了，跟着老红松从山东逃到了关东深山老林，在长白山上安家落户了。从此以后，关内人参日趋减少，而长白山的人参却越来越多。

西洋参

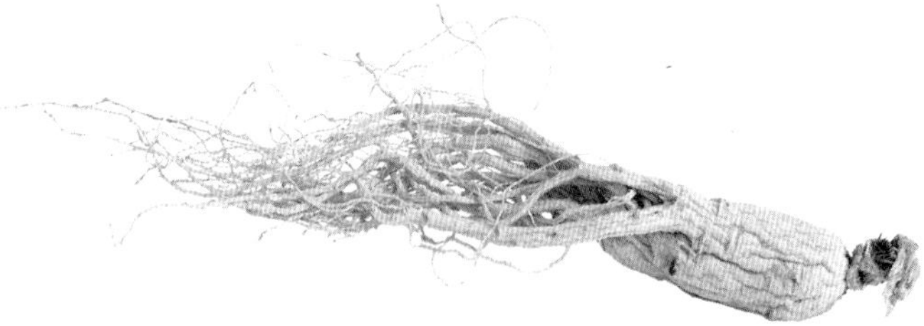

泊来之品名声噪，生性平和少烦恼。
引培质地赛西洋，难怪慈禧成嗜好。

——《西洋参》（现代）陈德生

一、物种本源

拉丁文名称，种属名

西洋参（*Panax quinquefolius* L.），为五加科人参属多年生草本植物西洋参的根，又名西洋人参、洋参、花旗参等。它是我国三大滋补佳品之一，与其并称的是鹿茸和石斛。本书介绍的西洋参特指人工栽培的西洋参。

形态特征

西洋参在我国历史并不长久，17 世纪才传入我国。西洋参根为肉质，其形状有椭圆形和纺锤形，外皮表面呈浅黄色，较细致光滑，生长茂盛，断面的纹理具有菊花状；茎为直立圆柱形，光滑无毛，绿色或暗紫绿色，茎的高矮随参龄不同而不一样。

习性，生长环境

西洋参原产北美，即加拿大的东南部和美国的东部，包括加拿大的蒙特利尔和魁北克、美国的纽约州和密苏里州等地。西洋参喜土质疏松、土层深厚肥沃、富含腐殖质，透气、透水及保肥保水性能好，有良好的团粒结构的壤土、砂质壤土或森林棕壤；喜斜射光、散射光，忌强光；生长期需要较高的空气湿度。现在我国已经开始栽培生产。

西洋参片

二、营养及成分

研究发现人参皂苷是西洋参的主要活性成分。已分离的五种皂苷为：人参皂苷R_0、Rb_1、Rg_1、Re和假人参皂苷F_{11}。西洋参中所含的活性成分是人参三醇、人参二醇和齐墩果酸。据测定，西洋参含挥发油、亚油酸、甲酯等11种脂肪硫酸、树脂，铁、铜、锌、钴、锰等多种微量元素等。

三、食材功能

性味 味苦、微甘，性寒。

归经 归心、肺、肾经。

功能

（1）益气补阴，养阴清热。对口干、体力不足、嗓子干燥、声音嘶哑、干咳、冠心病、午后潮热、肺结核、咯血、热病伤阴有辅助治疗作用。

（2）抗突变，控制心律失常，抗缺氧。可以改善脂质代谢，进而预防动脉粥样硬化和冠心病的发生。

（3）降低血脂抗脂质过氧化。有抗疲劳、抗应激、抗缺氧、抗惊厥、抗病毒等作用，对治疗体质虚弱、抗衰老效果明显。

四、烹饪与加工

西洋参炖鸡汤

（1）材料：鸡腿、西洋参、枸杞子、红枣、盐少许。

（2）做法：将西洋参、枸杞子、红枣放入半锅水中煮10分钟，熬煮出中药汤；鸡腿洗净放入另一锅中，然后倒入中药汤，中药汤一定要没过材料。起锅前放入少许盐调味即可。

西洋参汤

（1）材料：西洋参、蜂蜜、枸杞、冰糖。

（2）做法：将西洋参加水炖煮，冷却后加入蜂蜜、冰糖和枸杞，调至甜度适宜即可。

西洋参汤

五、食用注意

（1）胃寒者慎用。西洋参可以清热祛火，如果本身湿气过重，食用西洋参可能产生副作用。

（2）西洋参可能会导致腹泻。不同的药物可能会产生不同的刺激性作用，对于西洋参来说亦是如此。在服用西洋参的时候，由于肠胃不适，可能会出现腹泻症状。如果腹泻症状比较严重，需要及时接受检查和治疗，从而判断是否能够继续食用西洋参。

（3）明确使用剂量。任何的保健品都不能随意服用，应该按照医生的建议，在专业人士的指导之下理性地使用。

延伸阅读

西洋参传入我国与研究现状

西洋参原生长于大西洋沿岸的北美原始森林中，是一种古老的植物，1670年左右，法国牧师雅图斯来我国辽东地区传教，从当地人们的传说中听到许多有关人参是神草的故事，引起他的兴趣。他以《鞑靼植物人参》为题叙述了长白山中人参的形态特征和药用价值，并附绘制的原植物图，发表在英国皇家协会会刊上，被加拿大蒙特利尔的法国传教士法朗士·拉费多看到。法朗士·拉费多在当地印第安人的帮助下，在蒙特利尔地区大西洋沿岸丛林中找到了与中国人参相似的野生植物，经送法国巴黎植物学家鉴定，认为同属五加科植物，但不同种。他们为了与中国的人参相区别，就把这种采自大西洋沿岸丛林中的神奇植物命名为“西洋参”。

17世纪90年代，康熙皇帝为了表示对满族祖先发祥地的崇敬，曾诏令禁止在长白山砍伐森林，一草一木都不准动，如有违抗者，轻则充军，重则处死。禁令造成了人参供应的紧张，从而使高丽参以及北美的西洋参得以相继流入我国。西洋参贩运到中国可换得大量的黄金，因此，西洋参在北美一直有“绿色黄金”的美称。

西洋参传入我国后，清太医院的御医们对西洋参进行了集体研究鉴别，并按中医药学理论研究了西洋参的性味、归经、功能和主治。在《本草备要》中西洋参被列为新增药品，称“西洋参，苦甘凉、味厚气薄、补肺降火、生津除烦、虚而有火上宜”，这是中外古今首次将西洋参收载于中医药文献中。

20世纪80年代，我国科技人员发扬攻关精神，在国内大面积栽培西洋参，获得了可喜成果。

人参叶

性温生处喜偏寒，一穗垂如天竺丹。
五叶三桠云吉拥，玉茎朱实露甘沣。
地灵物产资阴骘，功著医经注大端。
善补补人常受误，名言子产悟宽难。

——《咏人参》（清）
爱新觉罗·弘历

一、物种本源

拉丁文名称，种属名

人参叶为五加科人参属植物人参（*Panax ginseng* C. A. Mey.）的叶片，又名参叶、七叶子、定风草、竹节人参叶、棒槌叶、鬼盖叶等。本书介绍的人参叶特指人工栽培的人参叶。

形态特征

人参植株上的鲜叶为掌状复叶，叶片椭圆形或微呈倒卵形，长为4～15厘米，宽为2～6.5厘米，先端渐尖，基部楔形，边缘有细锯齿，上面脉上散生少数刚毛，下面无毛。人参叶与地下茎部相似，同样具有延缓衰老、抗肿瘤、抗氧化等多种药效成分。

习性，生长环境

人参叶的生长习性同人参，产于北纬33°～48°的落叶阔叶林或针叶阔叶混交林下，主要分布于韩国、俄罗斯东部、日本、朝鲜、中国东北。我国东北人参主要分布在吉林省东部、临江、吉安、抚松和通化等地。现在河北、山西及北京等地有引种。

二、营养及成分

人参叶主含三萜类及其人参皂苷Rg_1和人参皂苷Re；还含黄酮类山柰酚、三叶豆甙、人参黄酮甙、挥发油以及天冬等酸苏氨酸等多种氨基酸和多糖等。

三、食材功能

性味 微苦、甘，性寒。

归经 归肺、胃经。

功能

（1）人参茎叶皂苷类化合物近60种，总皂苷含量为6%～12%，明显高于人参根。其药理作用主要包括：增强免疫力、延缓衰老、抑菌抗病毒、养护心肝、降低血脂、促进细胞增殖、调节中枢、内分泌和呼吸三大系统等。

（2）富含多酚的人参叶提取物具有显著的抗氧化活性，可能是因为其较高含量的酚类物质可直接或通过激活抗氧化酶清除活性氧。人参叶提取物中的酚类化合物可以通过改善氧化应激降低动脉粥样硬化的程度。

（3）人参叶有生津止渴的功效，可以用于治疗暑热口渴以及热病伤津，胃阴不足的消渴；人参茎叶皂苷，可以改善神经功能紊乱，对神经衰弱，血管性头痛，短暂性脑缺血发作，脑动脉供血不足等，均有一定的治疗作用，还可以减轻心绞痛症状。

四、烹饪与加工

凉拌人参叶

凉拌人参叶

（1）材料：鲜人参叶、蒜、生抽、醋、麻油、盐。

（2）做法：鲜人参叶洗净加盐浸泡，码盘，加入蒜末；再添加适量生抽、醋、麻油，拌匀即可。

人参炒人参叶

（1）材料：鲜人参叶、鲜人参、姜、蒜、食用油、盐。

（2）做法：鲜人参和鲜人参叶洗净，鲜人参切丝。鲜人参丝和鲜人参叶分别在沸水中焯片刻，过冷水。起油锅加入蒜蓉、姜丝，再加入鲜人参丝和鲜人参叶拌炒，加盐调味，即可。

人参炒人参叶

五、食用注意

脾胃虚寒者慎服；忌与藜芦同时食服。

传说故事

人参叶与女性美容

大家都知道人参是个宝贝，但问起与它仅有一字之差的人参叶许多人就只有摇头了。其实人参叶也有很多的功效与作用，它的药用价值可是非常高的！

人参是一种人参科的植物，为多年生草本植物。人参叶在秋季采收，晾干或者烘干后可作为药材食用，具有补气、益肺、祛暑、生津等功效。人参叶也能提高神经活动的灵活性，可改善睡眠和情绪，提高脑力、体力等人体机能，有显著的抗疲劳、利尿及抗辐射作用，能增加机体对各种有害刺激的防御能力，对心肌营养不良、冠状动脉硬化、神经衰弱等症状均有不错的防治作用。

从古至今，许多女性为了拥有美丽的肌肤，就常年煎饮人参叶，进行了各种尝试。

参三七

本名山漆不须疑，屈指何曾有数推。
锋簇涂来疮即合，杖笞敷上痛无知。
损伤跌扑堪排难，肿毒痈疽可救危。
猪血一投俱化水，真金不换效尤奇。

——《本草诗》（清）赵瑾叔

一、物种本源

拉丁文名称，种属名

参三七为五加科人参属植物三七［*Panax notoginseng*（Burk.）F. H. chen］的干燥根，是一种常见的多年生草本植物；又名山漆、田七、田三七、旱三七等。本书介绍的参三七特指人工栽培的参三七。

形态特征

参三七草药名的来历有二：一说其根如参，叶子为掌状复叶，以其形态为名，它有呈长圆形的复叶，每张复叶由3~7枚小叶组成；另一种说法是参三七有着较长的成熟期，如果将其加入药里一般需将其先培育3年，通常认为参三七生长到7年或7年以上就是上等品，所以便以此命名。

三七粉

参三七长为1~6厘米、直径为1~4厘米，呈圆锥形或圆柱形的主根。它的表面是灰褐色或灰黄色且有纵纹及支根痕，支根为长2~6厘米的圆柱形，茎基表面还有不规则的经根痕和环纹。

习性，生长环境

一般说“春三七”在秋季结籽后采挖，“冬三七”在冬季成熟后采挖。其主要产于我国云南、贵州，在四川、广西靖西等地也有种植。

二、营养及成分

据测定，参三七中有很多活性成分，其中含总皂苷约12%，分离为三七皂苷A、B、B_1、B_2、C_1、C_3、D_1、D_2、E_1、E_2，水解得三七皂苷元A、B，为齐墩果酸型衍生物，尚含酮类化合物，β-谷甾醇，β-谷甾醇-D-葡萄糖甙以及生物碱。

三、食材功能

性味 味甘、微苦，性温。

归经 归肝、心、胃经。

功能

（1）止血作用。参三七可以缩短凝血，提升人体中血小板的数量。

（2）强心作用。参三七能增强冠脉血量，减缓心率，减少心肌耗氧。

（3）抗菌作用。参三七水煎剂可以明显抑制关节炎，且对很多皮肤真菌也有抑制作用。

（4）治疗冠心病。参三七中含有的皂苷和黄酮类等有效成分，可以有强心和扩张血管的作用。

（5）降低血脂。参三七可以显著降低血清胆固醇和血脂，还可以降低体内三酸甘油酯的含量。

四、烹饪与加工

三七燕麦粥

（1）材料：燕麦片、三七菜、花生米、红枣、冰糖。

（2）做法：将花生米、红枣洗净放入锅中，加水烧开转小火煮至花生米熟。在锅中加入冰糖、燕麦片煮2～3分钟，最后放入三七菜煮开即可。

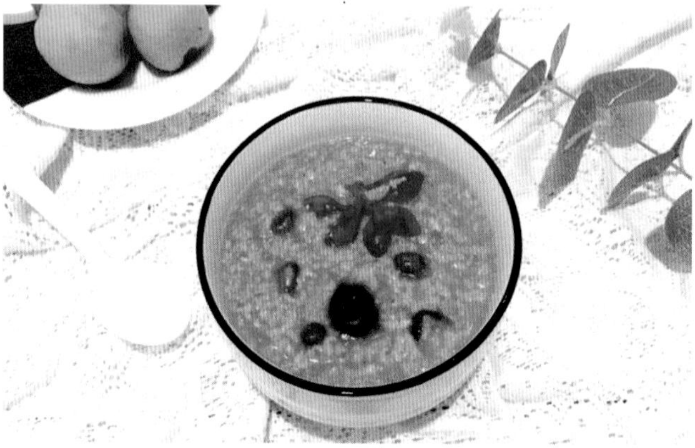

三七燕麦粥

参三七木耳炖猪肉

（1）材料：参三七、猪肉、木耳、葱、姜、盐。

（2）做法：先将木耳用水浸泡20分钟左右，把参三七碾碎、猪肉洗净备用；在锅中加入清水和猪肉，待水煮沸后再加入参三七、木耳、葱、姜、盐，小火炖60～90分钟后即可。

五、食用注意

（1）参三七有微毒性，如果服用过量参三七很可能引起中毒。而且中毒时会损害血液、消化系统和心血管系统，严重的时候还可能会导致休克和皮肤损害。

（2）口服正常剂量的纯参三七粉、其他三七制剂时，有时会发生口干、失眠、腹痛、腹泻及过敏反应；如果超过正常剂量服用时，可能会出现恶心、心悸、头痛、呕吐、大便秘结、出汗、心律失常等症状。

（3）在感冒和风寒间不能食用参三七，否则会加重病情。

七色糯饭与“三七”

传说远古时候，西南边陲滇东南文山的老君山下住着一家三口：阿爹、阿妈和儿子覃秀。一天，阿爹得了筋骨病，没过几天就瘫了；阿妈又被刀砍伤，流了很多血，伤口一天比一天烂得大。覃秀什么药都找来给阿爹、阿妈吃，也不见好转，他心里非常焦急。

转眼就到六郎节，爹妈的病仍然没有好。这天清早，覃秀学着阿妈往年做花饭的方法，染了七色糯米，分别放在蒸笼里蒸。蒸好后，覃秀在晒台上铺了一床草席，把花糯饭抬出来晒。这时，一只田鸡落到了草席上。田鸡蹲在草席中，接连拣了七粒七色糯米饭吃了起来。田鸡随后变成了一个农家姑娘，对覃秀说：“我叫七妹，是个仙女。太上老君有一棵神药称为‘山中之奇’，我们称它为‘三七’。它三枝七叶，像把伞，顶端有一百多颗红籽，缀成一个圆盘形。我把它丢到了老君山山顶，只要找到此药，你爹妈的病就能治好。”覃秀听了，决定去找三七。

历经千辛万苦，覃秀终于来到了老君山山顶。他仔细地寻找三七，天已经黑了，野兽成群结队地向山顶围拢来。覃秀赶忙摸箭袋，没摸着，却摸到了花糯饭。他心里一亮，立刻打开花糯饭，刚一摊开，立刻飞出一对凤凰。凤凰向四周看了看，急速叫了三声。顿时，一棵三枝七叶、顶着一团圆盘形红籽的三七，从泥土中摇摇晃晃地冒了出来。拿到三七后，覃秀回了家，用三七治好了阿爹、阿妈的病。随后，覃秀和七妹结了婚，一家四口，欢喜不尽。一天，七妹兜了三七红籽，递一把锄头给覃秀，说：“阿哥，人间患病的人多着呢，我俩将三七种上，以后好为更多的人治病。”从此，人间便种上了三七。

刺五加

好雨连三日，灵苗应五车。
分栽有邻约，服食自仙家。
酒想金罂煮，篱看翠幕遮。
长镵临去嘱，为我惜萌芽。

——《颐元许惠五加皮本期雨后乃移以诗促之（二月辛丑檐溜达旦）》（明）顾清

一、物种本源

拉丁文名称，种属名

刺五加［*Acanthopanax senticosus*（Rupr. et Maxim.）Harms］，为五加科五加属植物刺五加的干燥根及根茎或茎，又名刺拐棒、刺木棒、老虎镣子等。

形态特征

根茎呈不规则圆柱形，直径为1.4～4.2厘米。根呈圆柱形，多扭曲，长为3.5～12厘米，直径为0.3～15厘米；表面呈灰褐色或黑褐色，有细纵沟和皱纹、皮较薄。有特异香气，味微辛、稍苦涩。

习性，生长环境

刺五加生于山坡林中及路旁灌丛中，主产于我国黑龙江、吉林、辽宁、河北、陕西等地。

五加叶

刺五加植物

二、营养及成分

刺五加根及根茎含多种苷类，是其主要有效成分，还含多糖、异秦皮定、绿原酸、芝麻素、硬脂酸、β–谷甾醇等。

三、食材功能

性味 味辛、微苦，性温。

归经 归脾、肾、心经。

功能

（1）刺五加有良好的抗疲劳作用，较人参还要显著，对中枢神经有明显的镇静作用，并能明显提高耐缺氧能力；能增强机体非特异性免疫功能，促进抗体生成，提高玫瑰花结的生成率，增加脾脏重量；对苯和环磷酰胺引起的白细胞减少有提高作用。

（2）刺五加能调节内分泌功能紊乱，参与肾上腺皮质激素及血糖的调节，刺激性腺和肾上腺的分泌功能。

（3）刺五加具有同化作用，可以增加体重，促进失血后血红蛋白的恢复。

刺五加

四、烹饪与加工

刺五加酒

（1）材料：刺五加65克，白酒500毫升。

（2）做法：将刺五加放入酒内浸泡10天后服用。

（3）功效：主治肠风痔血，跌打损伤，风湿骨痛。

凉拌五加叶

（1）材料：嫩五加叶、辣椒、盐、姜、蒜、麻油。

（2）做法：准备嫩五加叶，洗净后晾干表面水分，然后放在沸水中焯烫2~3分钟，取出后过冷水降温；加入辣椒、盐、姜、蒜、麻油调味即可。

凉拌五加叶

五加茶

（1）材料：五加叶。

（2）做法：将五加叶清洗干净后晒干，用沸水冲泡片刻即可。

五、食用注意

阴虚火旺者慎服食。

传说故事

刺五加酒的传说

传说很久以前，海龙王的五公主下凡来到人间，与凡人相爱结为夫妻。因凡人家境贫寒，为生活驱使，五公主提出要酿造一种能健身治病的酒。凡人不知如何酿造，五公主便唱了一首歌：“一味当归补心血，去瘀化湿用桑黄。甘松醒脾能除恶，散滞和胃广木香。薄荷性凉清头目，木瓜舒络精神爽。独活山楂镇湿邪，风寒顽痹屈能张。带刺五加有奇香，滋补肝肾筋骨壮。调和诸药添甘草，佛手玉竹不能忘。凑足地支十二数，增增减减皆妙方。”歌中道出十二种中草药材的名称。凡人照此制作，终于酿成刺五加酒。酒面世后，庶民百姓、达官显贵闻香品饮，顿感甘醇味美，身心舒畅，祛痰健体。千百年来，刺五加酒闻名遐迩。

北沙参

沙参分北南，临证细察看。
南沙养肺阴，北沙涤燥痰。

——《本草诗·沙参》
（现代）石万利

拉丁文名称，种属名

北沙参（*Glehnia littoralis* Fr. Schmidt ex Miq.），为伞形科珊瑚菜属多年生草本植物的干燥根，又名识美、希文、苦心、白参、羊乳、羊婆奶、羚儿草、银沙参、志取等。本书介绍的北沙参特指人工栽培的北沙参。

形态特征

北沙参因其形状细长，其名又称北条参、细条等。北沙参表面质地略微粗糙，呈淡黄白色，偶尔会留有外皮，一般无外皮的表面呈黄棕

沙参花

色；上端稍薄，中间略厚，下部逐渐变细；质地脆且易折断，味道略甜。

习性，生长环境

北沙参产于我国华东、华北、中南各地，生长于海边沙滩或栽培于肥沃疏松的沙质土壤。

二、营养及成分

据测定，北沙参含沙参素香豆素、挥发油、豆甾醇、淀粉、生物碱、β-谷甾醇、三萜酸等。

三、食材功能

性味 味甘、微苦，性微寒。

归经 归入肺、胃经。

功能

（1）北沙参有滋阴润肺的功效，有利于肺阴不足咳嗽、咯血的康复。

（2）北沙参有滋阴养胃，有益于胃阴不足、口渴、食欲不振的辅助食疗。

四、烹饪与加工

沙参母鸡汤

（1）材料：沙参、鸡、红枣、枸杞、盐、葱。

（2）做法：将沙参洗净，加适量清水转小火煲30分钟左右；将鸡洗净转大火，将鸡肉、红枣、葱花入煲内，煮至变色后，再盖上煲盖；中火煮30～60分钟，关火焖约5分钟，加适量盐调味即可。

沙参母鸡汤

沙参玉竹猪肺汤

（1）材料：猪肺、沙参、玉竹、盐。

（2）做法：将沙参洗净切段，玉竹清水漂洗，共同用纱布包好备用；猪肺用清水冲洗干净，在开水中焯水后捞出待用；把纱布包和猪肺放入砂锅，加清水适量，大火煮开，小火慢炖后，加盐调味食用。

五、食用注意

寒痰咳嗽或风寒咳嗽、咳有白色清痰者忌服；沙参反藜芦，故两者不可一同使用。

传说故事

沙参的传说

相传，须弥山下有个谭家庄，庄东住着一户姓红的老实狩猎人家，兄弟三人只有老三生了一个男丁，取名红花郎。庄西住着一户姓沙的老实庄稼汉，就在红花郎出生的当天，沙家生下一个女儿，取名沙湖。

红、沙两家相处极好，所以红花郎与沙家女儿从小青梅竹马、两小无猜。长大后，红花郎非沙女不娶，沙家女儿非红花郎不嫁。红、沙两家儿女一天天长大，到了男婚女嫁的年龄，却逢秦始皇修筑万里长城，在民间大征民工，红花郎在逃难时，也被强行拉走。

红花郎一去三年杳无音讯，到了第四年初冬，沙家女儿背着家人为红花郎收拾好寒衣，历尽千辛万苦来到嘉峪关寻找红花郎。后来乡人告诉她们，红花郎在两年前就因劳累过度，死于长城脚下。沙家女儿找到了红花郎死后所葬的沙丘，哭得死去活来，不吃不喝，最终死在红花郎的墓旁。

好心的人们将沙湖葬在红花郎墓旁。来年春暖花开，在红花郎的墓旁，长出一种根像人参的花草。因姓沙，又和红花郎一起葬在沙丘，其根又和人参的模样差不多，人们就将沙湖墓上长出的草叫“沙参”。

当归

药群望族一明星，陇地陕门皆有踪。
补血润肠称特效，除晕免疫显奇功。
能排虚症平心悸，专治妇科调月经。
巧构妙方精配伍，悬壶济世在郎中。

——《咏当归》（现代）王庆新

一、物种本源

拉丁文名称，种属名

当归［*Angelica sinensis*（Oliv.）Diels］，为伞形科当归属多年生草本植物当归的根，又名芹、山蕲、白蕲、文无、秦归、云归、乾归、马尾归等。

形态特征

当归主要分为茎、叶、果三部分。其茎带有紫色，茎下部分及基生叶呈卵状，其叶脉和边缘部分有乳头状白色细毛，叶柄长为3～11厘米。其呈复伞形花序，花序梗长为4～7厘米，有细柔毛。总共有2个线性苞片，有的也没有苞片。小的伞形花序有13～36朵花，花瓣呈长卵形，有圆锥形的花柱基，开花时间为6～7月。当归的果实一般为椭圆形至卵形，长为4～6厘米、宽为3～4厘米，结果时间为7～9月。

习性，生长环境

当归主要产于我国东南部，另外在四川、陕西、云南、湖北等地也有种植。其通常喜欢生长在海拔3100米的林下或灌丛中。

当　归

二、营养及成分

当归中主要化学成分包括挥发油（中性油、酚性油、酸性油）、有机酸（阿魏酸、茴香酸、烟酸等）、糖类（果糖、蔗糖、酸性多糖等）。

此外，当归中还含有许多其他活性成分，如维生素A、维生素B_{12}、维生素E、胆碱、尿嘧啶、腺嘌呤等。

三、食材功能

性味 味甘、辛，性温。

归经 归肝、心、脾经。

功能

（1）当归的补血作用较强，适用于多种血虚症状，如脸色苍白、头昏眼花等。

（2）当归可治疗痛经，一般和赤芍联用。如腹痛剧烈并且伴有呕吐症状者，可和川黄连、川贝母粉等一起入药。

（3）当归可以活血化瘀、温经通络，镇痛解痉。

（4）当归中含有的有机酸成分，具有抗氧化、自由基清除、抗血栓、降血脂和改善动脉粥样硬化等作用。

四、烹饪与加工

当归鸡蛋红糖水

（1）材料：当归、红枣、红糖、鸡蛋。

（2）做法：将鸡蛋煮熟后剥壳；把当归洗干净切片，放入锅中加水煮15分钟左右；随后放入红枣、红糖、鸡蛋，小火继续煮10分钟即可。

当归鸡蛋红糖水

当归何首乌鸡肉汤

（1）材料：当归、何首乌、枸杞、乌鸡、葱、姜、料酒、盐、味精。

（2）做法：将鸡肉洗干净切成块状，与枸杞、何首乌、当归一同放入锅中，煮沸后再用中火煮30～60分钟，加入葱、姜、料酒、盐、味精等调味即可。

五、食用注意

（1）湿阻中满及大便溏泄者慎服。当身体燥热，并且有某些部位出血，比如流鼻血、咳血等情况时，不可食用当归。

（2）忌用量过大。当归通常需要严格按照剂量来进行煎服，如果长时间或者是大量的服用，很可能会出现一些身体不适，比如感觉到疲倦、犯困等。

（3）阴虚内热者不宜服用当归。当归的药性偏温，是温补性中药材，所以并不适合阴虚内热的人群服用，否则可能会导致内火过旺和阳气过旺，从而出现咽喉疼痛、口腔溃疡和脸上长痘等上火症状。

（4）月经过多者不宜服用当归。由于当归的主要药物功效为补血养血和活血调经，因此适合经血过少者服用，而对于经血过多的女性而言，应避免服用，否则会导致经血量增多，进而可引发贫血或者气血不足的症状，并导致月经情况变得紊乱，甚至还会出现大出血的情况。

传说故事

正当归时又不归

古时候，有个青年名叫王福，胆大力壮，与母亲相依为命，靠务农采药维持生活。几百里外有座高山，据说山上长有神奇的药草。王福年少气壮，很想探个究竟，就去征求母亲意见。母亲生怕儿子有什么意外，就劝他结婚以后再去。王福遵照母亲意思，择期成了家。谁知婚后夫妻恩爱，王福也不再提上山采药之事了。

一天，左邻右居背地里议论王福，说他胆小，婚后被老婆拖住腿，不敢上山去了。此话传到王福耳中，他决心上山探险采药。妻子依依不舍，泣不成声。王福说："我若三年不归，你可另嫁他人。"次日，他毅然上山去了。

母亲日盼夜望，转眼三年过去了，仍不见儿子回来，估计必死无疑。王母遵照儿子的托付，劝媳妇改嫁。谁知媳妇改嫁不到半月，王福竟满载名贵药材而归，见妻子改了嫁，后悔不已。他们相约再见一面，会面时抱头痛哭。王福指着药材说："原想卖掉药材，给你买些新衣，如今已不必了，就把这些药材送给你吧。"

从此以后，新妇悲痛伤感，忧郁成病，月事不调，骨瘦如柴，望着这堆药材，生啖活吞，企望中毒，了却此生。谁知吃了以后，反而月经通调，日益康复。后人便取唐诗中"正当归时又不归"中的当归两字，做了此药名称。从此，当归也成了一味妇科良药了。

丹参

根红叶茂参名丹，筋舒血活畅循环。
十二经脉皆调畅，何惧高寿有阻拦。

——《丹参》（明）石晓

一、物种本源

拉丁文名称，种属名

丹参（*Salvia miltiorrhiza* Bunge），为唇形科鼠尾草属植物的干燥根及根茎，又名红参、山参、赤参、紫丹参、红暖药、红根、紫党参等。

形态特征

丹参为多年生草本，高为30~80厘米。根细长，圆柱形，外皮朱红色。茎四棱形，上部分枝。顶端小叶片较侧生叶片大，小叶片为卵圆形。小坚果为长圆形，熟时暗棕色或黑色，花期为5~10月，果期为6~11月。

习性，生长环境

丹参主产于我国江苏、安徽、山西、河北、四川等地，以条根粗壮、紫红色者为佳。丹参在土壤中生长，因此代谢物的性质和产率受到土壤养分含量的影响。

干丹参

二、营养及成分

据测定，丹参主含丹参醇、丹参醛、丹参新酮等脂溶性成分，以及丹参原儿茶酸、原儿茶醛、丹参素等水溶性成分。

三、食材功能

性味 味苦，微寒。

归经 归心、肝经。

功能

（1）丹参能够扩张血管、降压，增加心脏的冠脉血流量；具有镇痛、镇静、抗菌、抗炎、抗高血压、抗过敏，改善肾脏功能和保护缺血性肾脏的作用。

（2）丹参能够降血脂，对动脉硬化有缓解作用；还能起到抗凝、抗血栓的作用。

（3）丹参有免疫调节和抗炎的作用。

（4）丹参对于肝脏和胃也有一定的作用，它能够保护肝脏、减轻肝脏的纤维化、改善肝微循环。

四、烹饪与加工

丹参豆腐汤

（1）材料：丹参、豆腐、秋葵、葱、红辣椒。

（2）做法：把丹参洗净润透，切薄片；将丹参放入炖锅内，加水，置旺火上烧沸，用小火煲15分钟左右；加入豆腐、秋葵、红辣椒、葱花煮熟，放入盐、味精调味即可。

丹参豆腐汤

丹参冰糖水

（1）材料：丹参、冰糖。

（2）做法：丹参加水煎煮20分钟左右，去渣；加入冰糖，以微甜为准。

五、食用注意

丹参具有较强的活血功能，经期及孕期女性谨慎服用。

传说故事

丹参的传说

相传很久以前，东海岸边的一个渔村里住着一个叫阿明的青年。阿明从小丧父，与母亲相依为命，因自幼在风浪中长大，练就了一身好水性，人称“小蛟龙”。

有一年，阿明的母亲患了妇科病，经常崩漏下血，请了很多大夫，都未治愈，阿明一筹莫展。正当此时，有人说东海中有个无名岛，岛上生长着一种开紫蓝色的花、根呈红色的药草，以这种药草的根煎汤内服，就能治愈其母亲的病。阿明听后，喜出望外，便决定去无名岛采药。村里的人听说后，都为阿明捏了一把汗，因为去无名岛的海路不但暗礁林立，而且水流湍急，凡上岛者凶多吉少，犹如过鬼门关。但阿明救母心切，毅然决定出海上岛采药。

第二天，阿明就驾船出海了。他凭着高超的驾船技术和水性，绕过了一个个暗礁，冲过了一个个激流险滩，终于闯过“鬼门关”，顺利登上无名岛。上岸后，他四处寻找那种开着紫蓝色花、根是红色的药草。每找到一棵便赶快挖出其根，不一会儿就挖了一大捆。返回渔村后，阿明每日按时侍奉母亲服药，母亲的病很快就痊愈了。

村里人对冒死采药为母治病的阿明非常敬佩，都说这种药草凝结了阿明的一片丹心，便给这种根红的药草取名为“丹心”。后来在流传的过程中，取其谐音就变成“丹参”了。

玄参

玄参黑润重乡邦，壮水无根火自降。
年久疬疮消磊磊，时行目疾治双双。
游风斑毒清多种，燥热狂烦去一腔。
更有熏衣香可合，氤氲几阵透纱窗。

——《咏玄参》（清）陈友山

一、物种本源

拉丁文名称，种属名

玄参（*Scrophularia ningpoensis* Hemsl.），为玄参科玄参属多年生草本植物玄参的根，又名元参、重台、正马、玄台、鹿肠、馥香、黑参、野芝麻、山当归、水萝卜等。本书介绍的玄参特指人工栽培的玄参。

形态特征

玄参的入药部位是其根部，其根中空，花有紫、白两种颜色，因根似人参，长两三寸，状如天门冬，又似薯蓣；玄参根部一般为灰褐色或灰黄色，下细上粗或中间粗，且质地坚实，不容易折断；切成片后，忽然变黑，黑即玄色，故名玄参。

习性，生长环境

玄参主要分布于我国的东北、华北及西北等地区。一般常见于海拔1700米以下的草丛、竹林等地。

玄参片

二、营养及成分

据测定，玄参含植物甾醇、生物碱、桃叶珊瑚苷、哈巴苷、哈巴俄苷、肉桂酸、脂肪酸、油酸、微量挥发油及维生素A，还含玄参素、草萜甙类。

三、食材功能

性味 味甘、苦、咸，性微寒。

归经 归脾、胃、肾经。

功能

（1）抗糖尿病作用。玄参含有的环烯醚萜苷等化合物是其发挥降血糖功效的主要成分。

（2）保肝作用。玄参醇提取中的氯仿可溶物和哈巴苷也具有护肝作用。

（3）抗血小板凝集。玄参提取物可以增加纤维蛋白溶解活性从而抑制血小板凝集。

（4）抑菌作用。玄参对绿脓杆菌及真菌具有抑制作用，具有抗菌活性。

四、烹饪与加工

玄麦甘桔汤

（1）材料：玄参、麦冬、甘草、桔梗。

（2）做法：将玄参、麦冬、甘草、桔梗洗净，加适量水同煮,先置武火煮沸,再改文火煎煮。

玄麦甘桔汤

玄参粥

（1）材料：玄参、大米、糖。

（2）做法：先将玄参洗净，放入锅中，加适量清水，水煎取汁。再加大米煮粥，待熟时调入糖，煮沸即可。

五、食用注意

（1）血虚腹痛及虚寒者忌用。

（2）玄参反藜芦，切勿同时服食。

传说故事

玄参解热镇痛的故事

话说三国时期，蜀国大将张飞有一个特别的嗜好：一日三餐喜吃牛肉，还要大碗喝酒，酒后常常打骂自己的手下。

其实，他打骂手下一是因为性格暴躁，还有一个更重要的原因就是张飞每天喝酒和吃牛肉，以致内热伤阴，口腔常常如火上燎；更令他痛苦的是牙痛，痛起来真要命。于是，张飞吩咐手下拿夹子来，给他把牙拔掉，手下可不敢，只得任其痛打。

一日，张飞从阆中回成都，与关云长在华阳县大块吃肉，大碗喝酒。晚上，张飞的牙又痛起来，侍候他的手下一个叫正马，还有一个叫玄台。

张飞挥舞着马鞭，不停地唤手下抱酒来。正马看张飞喝得太多，没有再去抱酒，结果被张飞的马鞭打得嗷嗷叫。玄台生性机灵，张飞一吩咐抱酒，就赶紧答应着去买。

玄台从军前，在家里随爷爷学医。因此，他很了解张飞为何会打人。为了免遭毒打，他到药铺买了半斤黑参，水煎成汤，倒进一些酒后端给了张飞。张飞醉意上涌，喝了一碗又一碗，还直叫道："好酒，好酒，快快再拿些来！"

玄台不停地叫正马给张飞熬黑参水喝，慢慢地，张飞不再发怒，牙也不痛了，酣然入梦。自那以后，正马一见张飞酒醉，就熬黑参水当酒给他喝，张飞也不再因为牙痛而发脾气了。

军中侍候张飞的人，都知道正马和玄台侍候张飞时不会挨打，想知道秘诀是什么。于是玄台将办法告诉了他们。

有一次，张飞有些半醉了，看见有人往锅里放东西，以为是给他下毒，惊得醉意全失。张飞将那人抓起来，那人供出了玄台。张飞把玄台绑在台阶下，问他往酒里加了什么？玄台说加的是中药黑参，也就是现在所说的玄参。他解释说，因为爷爷是医生，知道这药可以降火，治疗心烦意躁、解毒，对于牙痛、口腔溃烂的效果也非常好。

张飞一想，自己的牙和口腔的确有很久没痛过了。于是，这才放了玄台。

太子参

浮石山前竹叶青，西河柳淡日朦胧。
合欢花下木蝴蝶，舞翅翩翩戏童参。

——《戏蝶图》（明）佚名

一、物种本源

拉丁文名称，种属名

太子参［*Pseudostellaria heterophylla*（Miq.）Pax］，是石竹科孩儿参属的一种多年生草本植物，又名孩儿参、童参等。

形态特征

太子参为多年生草本，高为15～20厘米，块根长纺锤形。茎下部紫色，近四方形，上部近圆形，绿色，有2列细毛，节略膨大。叶对生，略带内质，下部叶匙形或倒披针形。花期为4～5月，果期为5～6月。

习性，生长环境

太子参分布于我国辽宁、内蒙古、河北、陕西、山东、江苏、安徽、浙江、江西、河南、湖北、湖南、四川、贵州等地。它是贵州省主

太子参干

要中药材品种之一，是贵州省农业产业化建设的主导产业和优势特色产业；近几年在黔南以及黔东南等地有大量栽培，主要在800～2700米的山谷林下阴湿处，其中黔南地区成为我国太子参的主要种植地区。

二、营养及成分

根据测定，太子参中的生物活性物质包括：甙类、糖类、氨基酸类、油脂类、磷脂类、环肽类、挥发油等。太子参皂苷A、尖叶丝石竹皂苷被认为是太子参的皂苷类有效活性成分。氨基酸包括赖氨酸等人体必需氨基酸，挥发油含量占据约6.2%，还含有胡萝卜甙等。

三、食材功能

性味 味甘、微苦，性平。

归经 归脾、肺经。

功能

（1）养肺润脾。太子参对脾胃虚弱、儿童疲倦瘦弱、病后气阴两虚等具有良好的调理作用。

（2）补气生津。太子参对于脾胃虚弱、疲倦、食欲不振、咳嗽少痰、病后身体虚弱、盗汗、小儿夜间哭泣、夏季发烧等症状有较好的疗效。

（3）提高免疫力。太子参中含太子参多糖、矿物质和多种氨基酸，可以提高人体的免疫功能，还可以有效改善心脏功能。

四、烹饪与加工

太子参茶

（1）材料：太子参。

（2）做法：将太子参清洗干净后，用沸水冲泡片刻即可。

太子参茶

太子参玉竹炖瘦肉

（1）材料：太子参、瘦肉、玉竹、盐。

（2）做法：将玉竹浸泡30分钟后，切成小片；把太子参搓洗干净、瘦肉切块，炖锅里放进适量的水；把玉竹放进炖锅里。接着把瘦肉、太子参也放进炖锅里。盖上锅盖炖煮，炖好后加上少许盐调味即可。

太子参莲子猪肉汤

（1）材料：太子参、薏米、莲子、猪瘦肉、姜、盐。

（2）做法：食材洗净后，将太子参、莲子、薏米等稍浸泡；将猪瘦肉切成小方块状后与姜一起下炖盅，加入适量水，加盖隔水炖煮后加盐即可食用。

五、食用注意

对于外感风寒发病初始者，慎服食太子参。

传说故事

李时珍与太子参

相传，明代大医学家李时珍历尽磨难，呕心沥血，终于写成了《本草纲目》。

一天，他带着手稿，日夜兼程来到了南京，欲请一位出版商好友出版。他住进一家客店，入夜，忽然听见有一妇女在呻吟。李时珍立即唤来店小二问道：“隔壁何人患病？”店小二诉说是自己的妻子。“有病为何不求医？”李时珍又问。店小二诉说道：“先生有所不知，我们虽然在此开店，但赚来的钱还不够一家子七口人的柴米油盐。”李时珍十分同情，便自愿给其看病。李时珍边诊脉边问病情，店小二说：“好几天没米下锅了，她只能吃一些番薯干。我们是靠孩子挖来的野菜根充饥的。”李时珍走过去，顺手拈了一株“野菜根”左看右看，然后又尝了尝说：“这是一种药，可治你妻子的病。从哪里采来的？”店小二说：“紫金山。”李时珍又随手掏出一锭银子放在桌子上，说：“天明去买点米，把这药先煎给你妻子服，服了就好。”店小二感激得双膝跪地，连声道谢。次日，店小二妻子服后，病果然好了。店小二又把李时珍带到紫金山朱元璋太子的墓地。只见那里绿草如茵，到处是这种药草。李时珍连声道：“好极了！好极了！”他如获至宝，挖了满满一担。

后来，李时珍想把这个药草补写进《本草纲目》，因为药草生长在朱元璋太子的墓地，就定名为“太子参”，但是又怕此药的灵效一传出去，大家都来明太祖墓地挖药，触犯了王法，因此，最后还是没有写进《本草纲目》。

党参

五台党参独占先，医家藜芦不为邻。
识得深山白蟒肉，迷途知返色增鲜。

——《潞党参》（清）吴朋华

一、物种本源

拉丁文名称，种属名

党参［*Codonopsis pilosula*（Franch.）Nannf.］，为桔梗科党参属多年生草本植物党参的根，又名黄参、防风党参、潞州党、狮头参、五台党、黄党、中灵草等。

形态特征

党参为多年生草本植物，有乳状汁液。茎基具多数瘤状茎痕，根常肥大呈纺锤状或纺锤状圆柱形，较少分枝或中部以下略有分枝，长为15～30厘米，直径为1～3厘米，表面灰黄色，上端5～10厘米部分有细密环纹。

习性，生长环境

由于党参耐寒且喜欢温和凉爽的气候，幼苗喜潮湿、荫蔽，怕强光，因此党参大多分布在海拔1560～3100米的灌木和山林中。党参主要分布在我国陕西、山西、甘肃等地，尤以山西党参为著名。现在山西党参多为人工栽培，野生者较少，以独支不分叉、粗长、皮紧、味甜者质量为佳。

二、营养及成分

党参含多糖类、酚类、甾醇、挥发油、维生素B_1、维生素B_2，多种人体必需的氨基酸、黄芩素葡萄糖甙、皂苷及微量生物碱、微量元素等，具有增强免疫、改善肺及胃肠功能、抗缺氧、抗疲劳、延缓衰老、降血糖、调节血脂等作用。

三、食材功能

性味 味甘，性平。

归经 归脾、肺经。

功能

（1）可补虚，补中益气。用于肺脾气虚所致的体倦无力、气短声低、食少便溏、前列腺增生、虚喘咳嗽、久泻脱肛、腹脘隐痛等病症。

（2）脾益肺，补脾养胃。清末至民国时期医学家张山雷编著的《本草正义》记载所言，党参可润肺生津，因为古时候人参出产比较少，价格又昂贵，汉代时人们就多用党参代替人参。与人参相比，党参健脾运而不燥，滋阴养胃又不会造成寒湿内盛，润肺而不会太凉，养气血恰到好处。

党参段

（3）党参中含有降低血脂、降低血压，消除血液阻塞的物质，可以改善冠心病和心血管疾病患者的症状。

四、烹饪与加工

党参枣米饭

（1）材料：党参、红枣、糯米、糖。

（2）做法：将党参和红枣放入锅中，加水煮30分钟左右，取出党参、红枣和汤汁备用；把糯米洗净，加适量水放在碗中，蒸熟后扣在盘中，把党参、红枣摆在上面，加入汤汁和白糖煎成的浓汁即可。

党参当归枸杞鸡汤

（1）材料：党参、当归、红枣、枸杞、鸡、葱、姜、料酒、盐。

（2）做法：准备好当归、党参、红枣、枸杞，将鸡清洗干净备用；准备好干净的砂锅，放入鸡、葱姜和料酒，加入清水至最高水位线。开大火烧开，撇去浮沫，加入党参、当归、红枣，盖上盖子，转小火炖60分钟左右，加入枸杞、盐，再煮5分钟左右即可出锅。

党参炖瘦肉汤

党参炖瘦肉汤

（1）材料：党参、瘦肉、葱、盐。

（2）做法：将党参洗好备用；瘦肉切块，把瘦肉放入沸水中去除血水，捞出备用；把党参、瘦肉、葱花放入锅中，加水小火炖60分钟左右，加盐调味即可。

五、食用注意

（1）湿热证、热性病症者不宜单独服用党参。

（2）有食积气滞表现者也不宜服用党参。

（3）服用党参时间过长，容易导致身体出现燥热旺盛、便秘、口舌生疮的现象。

党参姑娘的传说

很久以前，有户贫苦的青年，叫黄七郎，父子二人相依为命。后来，黄七郎的父亲得了重病，吃了数副药也不见效，病情越发严重，还欠了高财主很多债。听说党参可以治病，他就上山去找党参。

黄七郎背着背篓和挖锄，在山里寻找。到处都是峭壁陡崖，四周冷风飕飕、黑雾弥漫，很是吓人。黄七郎又累又饿，终于倒在一个岩洞里。

模模糊糊中，他觉得自己好像是睡在花瓣铺的床上，软软和和的，非常舒适。他睁开眼，看见面前还站着位年轻姑娘，面目俊美、身材苗条，十分动人。姑娘问他到这里来干什么，他叙说了自己的苦处以后，姑娘告诉他说："前面夹槽里有一大棵党参，你把它挖去栽在自家的园子里，再掐一片叶儿，给你父亲煎水喝，病就会好的。"黄七郎醒了，原来是一场梦。

天亮了，他爬过悬崖，来到夹槽，果然发现了一棵党参。黄七郎小心地挖了起来。嘿，竟有一尺多长，且已成人形，有胳膊有腿，有鼻子有眼，模样就像昨夜的姑娘。他双手连土捧起，理顺党参的藤秧，慢慢地放进背篓，一口气背回了家。他把党参栽到菜园里，搭好藤架，然后掐了一片党参叶儿给父亲煎水喝，不想父亲的病一下子就好了。

此后，黄七郎天天给党参浇水，经常培土锄草，看得比什么都珍贵。终于有一天，党参架下走出了梦中的姑娘，并与黄七郎结成了夫妻，过起了幸福的生活。

世上没有不透风的墙，这件事后来被高财主知道了，他逼着黄七郎用党参和他美貌的妻子还债。黄七郎不肯，财主就来抢。眨眼之间，党参不见了，黄七郎的妻子也不见了。高财主恼羞成怒，就把黄七郎父子送到官府治罪。县官大笔一挥，竟判了黄七郎“私种毒药，窝藏民女”的罪名，戴上脚镣手铐，下了监牢。

党参姑娘回山以后，请了山上百合、柴胡、天麻、牡丹、桔梗、沙参等百药之精，施展法术，杀了县官，宰了高财主，救出了黄七郎，夫妻双双回到山上生活了。

何首乌

作传曾闻李习之，农经百草未尝知。
成纹自蹙如山势，引蔓能交入夜枝。
五岭诸州康最好，一筐相惠赤尤宜。
年来病足资奇效，不为霜髯变黑丝。

——《寄佘杞亭广文乞康州何首乌》（清）陈恭尹

一、物种本源

拉丁文名称，种属名

何首乌［*Polygonum multiflorum* Thunb.］，为蓼科蓼族何首乌属多年生缠绕藤本植物，又名夜交藤、多花蓼、紫乌藤、九真藤等。

形态特征

何首乌为黑褐色长圆形状的粗根，块根肥厚，长椭圆形，呈黑褐色。茎缠绕，多分枝，具纵棱，无毛，微粗糙，下部木质化。

习性，生长环境

何首乌生长在山谷中的灌木丛、山坡上的灌木丛和沿沟的岩石缝隙，海拔为200～3000米。在我国产于河南、广东、广西、贵州、湖北、四川、云南等地。

何首乌叶

二、营养及成分

何首乌主要含三类有效成分：蒽醌类化合物、二苯乙烯苷类化合物以及聚合原花青素。此外还含有多种微量元素和卵磷脂。

三、食材功能

性味 味苦、甘、涩，性微温。

归经 归肝、心、肾经。

功能

（1）何首乌具有延缓衰老的作用，可以提高老年人的DNA修复能力，可以有效增加肝脏和大脑中的蛋白质含量，还可以增加人体的核酸含量，增强血液中的SOD活性，抵抗氧化，进而延缓衰老。

（2）何首乌具有美容、安神的作用，能促使人的神经处于兴奋状态，还可以提高人体的睡眠质量。

四、烹饪与加工

何首乌丹参红枣汤

（1）材料：何首乌、猪腿肉（猪腱肉为佳）、丹参、红枣、盐。

（2）做法：将猪腿肉切块，洗净；把猪腿肉、何首乌、丹参、红枣放入锅中，加水、加盖，大火煮30分钟左右；最后加入盐调味即可。

何首乌丹参红枣汤

何首乌紫菜炖豆腐

（1）材料：何首乌、紫菜、豆腐、鲜虾仁、姜、盐、油。

（2）做法：把何首乌打成细粉；紫菜洗净后，撕成小块；把炒锅置武火上烧热，加入油，六成熟时，下姜爆香，加入上汤或清水，烧沸后，加入紫菜、豆腐、何首乌粉、鲜虾仁、盐，煮10分钟左右即成。

五、食用注意

（1）便秘、消化不良的人忌食何首乌。

（2）忌用铁质器煎煮。

（3）如果出现过敏反应、消化道出血等症状，需及时就诊。

（4）孕妇慎用。

传说故事

何首乌可延年益寿

相传在很早以前，顺州南和县，有一个叫田儿的何姓小伙子，从小体弱多病，骨瘦如柴，眩晕无力，于是外出寻求民间草药治病疗疾。

一日，走到一座庙宇前，腹中饥饿，体力不支，晕倒在地。得道士救助，后拜道士为师，精心修炼道术，潜心钻研，以强体魄，身体渐渐强壮起来。

一晃30年过去了，田儿50有余，未曾婚娶。

一日，田儿与朋友相聚多饮了几杯酒，在回来的小路上醉卧不醒。朦胧中似见二株三尺余长的藤蔓，相交在一起，久久不散，散后不久，再度相交，如此往复不止。田儿看到此情景，心中感到诧异，顿时酒醒，发现自己躺在路旁的藤蔓之下，于是好奇地挖出藤蔓下的根，其形状大小、粗细、长短不一，回庙宇请教道长乃众道士，都不知是何种植物。

一日，上山偶遇一山中长发老者，其步履快捷，耳聪目明，须发乌黑。田儿将梦境告与老者，向老者请教其为何物。老者说道，此藤所呈相交之象，确实令人奇怪，但似有龙凤呈祥之兆，这是上天降给你的祥瑞，赐给你的神药，不妨服之试试。

田儿感觉有道理，低头拜谢老者，抬头发现老者已不知去向，不由得惊出一身冷汗。

回去后，田儿将这种根晒干研成粉，每日服之，服了一段时间，田儿感到日渐强壮，宿疾自愈。服了一年多田儿的须发变得乌黑，容颜润泽红光满面，似有返老还童之象，且在花甲之年娶一妙龄之女为妻，竟生儿育女。

田儿喜上眉梢，将自己的名字改为能嗣，并将此药的服法传授到儿子延秀，又传给孙子何首乌。何首乌服了此药后，须发乌黑至年老不变，体质强健，子孙满堂。

何首乌年值130岁，仍须发未白，乌黑油亮如年轻小伙子。乡邻百姓来请教何首乌服什么长生不老药，何首乌拿出这怪状根块介绍给乡亲，但百姓谁也不知道为何物。一位头领说，那就叫它何首乌吧。何者，是首乌之姓也。

因为服了此药可使人白发变黑、返老还童，所以这种藤本植物的块根便取名为“何首乌”，其蔓茎取名为“夜交藤”。从此，何首乌被后世医家收录于《本草》之内作为药物使用。

贝母

贝母阶前蔓百寻，双桐盘绕叶森森。
刚强顾我蹉跎甚，时欲低柔惊寸心。

——《贝母》（西晋）张载

一、物种本源

拉丁文名称，种属名

贝母（*Fritillaria Cirrhous* D. Don），为百合科贝母属多年生草本植物的统称，又名虻、黄虻、空草、勤母、苦菜等。本书介绍的贝母特指人工栽培的贝母。

形态特征

贝母为多年生草本，鳞茎埋于土中，外有鳞茎皮，通常为白色的圆锥形。茎直立，不分枝，高为12~26厘米。茎生叶通常5~7片，无柄，叶宽大、多互生。叶片为条形，尖端钝，两边都很光滑并且没有细毛。

习性，生长环境

贝母主要产于我国四川、青海以及甘肃西南部等地，这些地区的高

贝母花

山海拔在2800~4000米，并且阳光充足，贝母主要生于具有腐殖质和松散土壤的草坡及碎石子中。由于贝母所处地域环境的气候、水和土壤质量存在差异，其功效也有所不同。

二、营养及成分

据测定，贝母中主要成分含有生物碱，贝母素甲、乙和贝母醇。在生物碱中，如川贝母含有川贝碱、西贝碱、炉贝碱、白炉贝碱、青贝碱和松贝碱等；浙贝母含有贝母丁碱、贝母芬碱、贝母辛碱、贝母替定碱。此外，贝母还含有甾类化合物等。

三、食材功能

性味 味甘、苦，性寒。

归经 归肺、肝、心经。

功能

（1）贝母具有一定的抑菌作用，可以很好地抑制大肠杆菌和金黄色葡萄球菌的生长和繁殖。

（2）川贝母中所含生物碱等成分具有较强的镇咳祛痰作用。常见的川贝枇杷露、川贝枇杷膏等止咳化痰药都是以川贝母为主要原料。

（3）浙贝母具有清火散结的功效，多用于清化热痰，还可以治疗痈肿等症。

四、烹饪与加工

川贝母炖梨

（1）材料：川贝母、梨、冰糖。

（2）做法：将川贝母碾碎成粉；把梨削皮去核掏空，制成梨盅；在梨盅里放入川贝母粉、冰糖；蒸锅加水烧开后，把梨放入碗里隔水蒸炖60分钟左右即可。

川贝母炖梨

杏仁川贝粥

（1）材料：粳米、杏仁、川贝母、冰糖。

（2）做法：首先将杏仁去尖皮，沥干水分，放一旁备用；川贝去除表面沉积物并洗净；洗涤粳米，将其在冷水将其浸泡30分钟，取出并控干水分。向锅中加入适量的冷水，依次将上述食材放入锅中；先调大火烧沸，然后用小火煮沸；煮粥时加一点冰糖，再焖煮片刻即可。

五、食用注意

脾胃虚寒、湿痰、寒痰者不宜使用。

传说故事

“贝母”药名的由来

传说，松潘地区有一得了“肺痨病”的贫妇李氏，连孕三胎，均坠下死婴。丈夫与公婆唯恐断了香火，终日惶惶不安。

有一天，婆婆叫算命先生给媳妇算命。算命先生把生辰八字排了一下说：“你媳妇属虎，戌时出生，出洞虎非常凶恶；头胎儿属羊、二胎儿属狗、三胎儿属猪。猪、狗、羊都是虎嘴里的食，被他妈妈吃掉了。”婆婆不信，说：“虎毒不吃儿，她怎么会吃亲生儿呢？有办法保住下一胎孩子吗？”算命先生掐指一算说：“再生下胎儿时，瞒住孩子妈。抱着孩子向东跑，跑到东海边，爬上海岛就万事大吉了。虎怕水，下不得海，上不了岛，吃不了孩儿，孩子就能保住性命了。”

婆婆把算命先生的话告诉儿子，他们心中有了数。没到一年，媳妇又生孩子了。孩子刚生下，丈夫也顾不得照料妻子，抱起孩子就往东跑，可跑出十多里地孩子便死去了，一家人非常伤心。这天，算命先生又来算命，婆婆把孩子死去的情况告诉他，算命先生说：“跑慢啦，跑得比虎快，使虎追不上孩子，孩子才能保住。”

又过了一年，媳妇又生孩子了，丈夫备好一匹快马，喂饱饮足，小孩子刚落地，他就用红被单包好，快马流星般朝东跑去，到了东海边，跳上一只快船，到海岛住了下来。三天后孩子又死了。一家人伤心极了。

有个医生从门口经过，问道：“你们有什么难事啊？”媳妇就把经过告诉了医生。医生看她面色灰沉铁青，就说：“我自有办法，叫你生个活孩子。”公婆和丈夫都不相信。

医生说：“算命先生是瞎说，信他干什么？你媳妇不是命硬，是有病。肺脏有邪，气力不足，加上生产使力过猛，生下胎儿不能长寿，肝脏缺血，供血不足，使产妇晕倒，我教你们认识一种草药，让她连续吃两个月，一年后保她能生个活孩子。”

丈夫每天上山挖药，煎汤给媳妇喝，喝了三个月，媳妇果然怀孕，十月临盆，生下一个大胖小子。大人没有发晕，小孩平安无事，一家人高兴得合不上嘴。孩子过了一百天，他们买了许多礼物，敲锣打鼓，到医生家道谢。

丈夫高兴地问道：“我的草药灵不灵？”

“灵，真灵！”丈夫问医生，“这种草药叫什么名字？”

“它是野草，没有名字。”医生回答道。

丈夫说：“我的孩子名叫宝贝，母亲又安全，就叫贝母吧！”

医生说：“好一个响亮的名字！对，就叫它贝母。”

知母

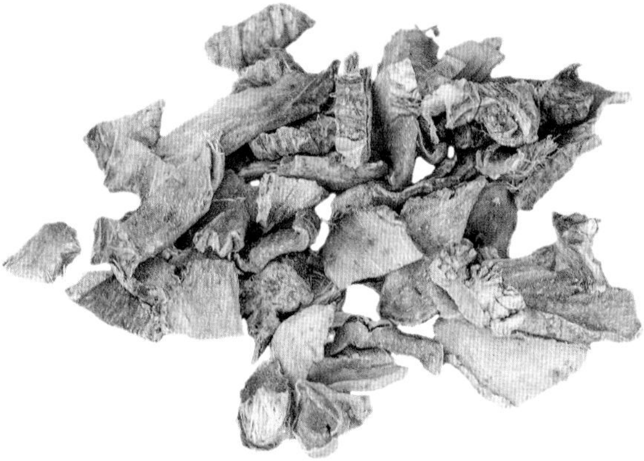

秦艽鳖甲治风劳，地骨柴胡及青蒿。
当归知母乌梅合，止嗽除蒸敛汗高。

——《汤头歌·秦艽鳖甲散》

一、物种本源

拉丁文名称，种属名

知母（*Anemarrhena asphodeloides* Bge.），为百合科知母属植物知母的根茎，又名连母、蒜瓣子草、地参等。

形态特征

知母的叶像菖蒲而且很柔润，叶根难枯。知母的形状为长条状，稍微有点扁、有略微的弯曲，它是一种长为3~15厘米，直径为0.8~1.5厘米的根状茎，一边还有浅黄色的茎叶残痕。它的上方有一个环状的结，排列得非常紧密，在节上面还有叶基，叶基的颜色为黄棕色。知母的质地相对来说比较硬，很容易被折断，且断面呈黄白色；知母有微甜的气味，味道有些许苦涩，吃起来还有黏性；它去掉外皮后，肉的表面是黄白色的，且有沟纹，有的还可看到叶痕和根痕。

知母花

习性，生长环境

知母主要产于我国河北、内蒙古、山西等地，另外东北的西部、江苏北部徐州亦有产出。它的适应性很强，在很多地方都可以生长，经常在草原、杂草丛和向阳山坡都可以看到它的存在。

二、营养及成分

知母中含有的化学成分主要是黄酮类和总皂苷，而黄酮类成分主要为芒果苷、新芒果苷以及异芒果苷等，此外，知母中还含有知母多糖、胆碱、鞣酸、烟酰胺以及金属元素、黏液质和还原糖等成分。

三、食材功能

性味 味苦、甘，性寒。

归经 归胃、肺、肾经。

功能

（1）知母对血液循环和呼吸系统均有抑制作用。

（2）知母有解热作用，现代研究证明其还有利尿作用。

（3）知母能促进脂肪组织对葡萄糖的摄取，使肝糖原下降，横膈糖原升高，从而调节血糖水平。

（4）知母有抗菌作用，它的有效成分芒果苷、异芒果苷分别可以显著抑制结核杆菌和抗单纯疱疹病毒作用，另外它对溶血性金色葡萄球菌、白色念珠菌及常见致病性皮肤真菌均有较强的抑制作用。

四、烹饪与加工

知柏三子汤

（1）材料：知母、黄柏、五味子、金樱子、枸杞子。

（2）做法：先将知母、黄柏、五味子、金樱子、枸杞子在冷水中浸泡，再加水煎煮后服用。

知柏三子汤

知母芍药红糖粥

（1）材料：知母、麻黄、芍药、桂心、防风、制附子、甘草、粳米、红糖。

（2）做法：将知母、麻黄、芍药、桂心、防风、制附子、甘草、粳米放入锅中，再加入适量的水和红糖，一起熬成粥。

五、食用注意

（1）凡脾虚便溏或寒饮咳嗽者，不宜服用。

（2）食用后可能有食欲不好、呕吐恶心等胃肠道的不良反应。

（3）勿用铁器煎熬或盛置。

老妪无儿认孝子

从前有一个以行医采药为生的老太太，不图钱财，把采来的药草都送给了有病的穷人，想把技艺传下去。于是她佯装乞讨，以待有缘人。

一天，老人讨饭来到一个村落，向围观的人诉说了自己的心事。有一个富家公子找到她，这公子有自己的小算盘："学会了认药治病，岂不多条巴结官宦的路子？"于是便把老人接到家里，好衣好饭伺候着。过了两年，却一直不见老太婆提药草之事。这天，他又问起传药之事，老太婆答道："等上几年再说吧。"公子气得暴跳如雷："白养你几年，你想骗吃骗喝呀，快滚吧！"老人也不愠怒，冷笑一声，换上自己的破衣裳，离开了公子的家。

她又开始沿街讨饭。有个商人找到她，认她当干妈。这商人心里盘算的是卖药材，赚大钱。他把老太婆接到家，好吃好喝招待，过了一个多月，仍不见老人谈认药之事，忍不住了，把老人赶出了家门。

这年冬天，她蹒跚着来到一个偏远山村，因身心憔悴，摔倒在一家门外。响声惊动了这家的主人。主人是个年轻樵夫，把老太太搀进屋里，嘘寒问暖，得知老人饿着肚子，急忙让妻子做了饭菜端上。老人吃过饭就要走，两口子拦住了："您这把年纪了，要是不嫌我们穷，就在这儿住下吧！"老人迟疑了一下，最后点了点头。

日子过得挺快，转眼春暖花开。一天，老人试探着说："老这样住你家我心里过意不去，还是让我走吧。"樵夫急了："您老没儿女，我们又没了老人，咱们凑成一家子过日子，我们认您当妈，这不挺好吗?”老人落泪了，道出了详情。樵夫夫妇也没有在意：“都是受苦人，图啥报答呀，您老能舒心就行了。”从此，樵夫夫妇忙着活计，一起孝顺老人，老人就这样过了三年多的幸福时光，到了八十岁的高龄。

这年夏天，她对樵夫说：“孩子，你背我到山上看看吧。”樵夫不明就里，但还是愉快地答应了老人。他背着老人上坡下沟，跑东蹿西，累得汗流如雨，还不时和老人逗趣。

当他们来到一片野草丛生的山坡时，老人下地，坐在一块石头上，指着一丛线形叶子、开有白中带紫条纹状花朵的野草说：“把它的根挖来。”樵夫挖出一截黄褐色的草根，问：“妈，这是什么?”老人说：“这是一种药草，能治肺热咳嗽、身虚发烧之类的病，用途可大啦！孩子，你知道为什么直到今天我才教你认药吗?”樵夫想了想说：“妈是想找个老实厚道的人，怕居心不良的人拿这本事去发财，去坑害百姓！”老太婆点了点头：“孩子，你真懂得妈的心思。这种药还没有名字，你就叫它‘知母’吧。”

后来，老人又教樵夫认识了许多种药草。老人故去后，樵夫改行采药，但他一直牢记老人的话，真心实意为穷人送药治病。

小蓟

小蓟生地藕蒲黄，滑竹通栀归草襄。
凉血止血利通淋，下焦瘀热血淋康。

——《济生方》（南宋）严用和

一、物种本源

拉丁文名称，种属名

小蓟为菊科蓟属植物刺儿菜［*Cirsium setosum*（Willd.）MB.］的干燥地上部分，又名猫蓟、千针草、刺儿菜、乞丐菜等。

形态特征

小蓟为多年生草本，具匍匐根茎，茎直立，有纵槽，幼茎被白色蛛丝状毛。叶互生，卵圆或椭圆形，边缘有刺，两面有丝状毛。头状花序顶生，总苞苞片多层，或覆瓦状排列，夏季开紫红色花，全为管状花，气微，味微苦。连萼瘦果，冠毛羽状，顶端弯曲。

习性，生长环境

小蓟分布于我国大部分地区，中欧、东欧、俄罗斯东部、日本、朝鲜等地区亦有分布。小蓟生长于海拔 140~2650 米的地区，一般生于荒地、草地、山坡林中、路旁、灌丛中、田间、林缘及溪旁。

二、营养及成分

小蓟带花全草含蒙花苷、芸香甙、原儿茶酸、绿原酸、咖啡酸、氯化钾、生物碱及皂苷等成分。

三、食材功能

性味 味甘、苦，性凉。

归经 归心、肝经。

功 能

（1）外敷止血。小蓟与大蓟功效类似，均有凉血止血的功效，大蓟散瘀消肿力佳，小蓟则擅治血淋、尿血诸证，常把大蓟与小蓟合用治疗临床各种血热出血症。

（2）血尿血淋。血尿是指尿液中红细胞异常增多，可呈淡红色云雾状、洗肉水样，多见于泌尿系统炎症、结石等。小蓟饮子使前列腺内血管生成受到抑制，对前列腺增生患者术后出现的膀胱痉挛与术后出血等并发症治疗效果理想。

| 四、烹饪与加工 |

凉拌小蓟

（1）材料：小蓟、胡萝卜、紫包菜、香菜、芝麻、沙拉酱。

（2）做法：把小蓟洗净以后，用开水焯一下，可以根据自己的口味加入其他辅料，如胡萝卜、紫包菜、香菜、芝麻、沙拉酱等凉拌即可。

凉拌小蓟

小蓟茶

（1）材料：小蓟茶。

（2）做法：小蓟全草（去根）煎水、去渣，汤汁代茶即可饮用。

小蓟茶

五、食用注意

（1）孕妇忌服。

（2）虚寒出血及脾胃虚寒者禁服。

（3）忌犯铁器。

孝子采蓟疗母疮

从前有一个书生，小时候父亲就去世了，是母亲一个人含辛茹苦地把他带大。书生对母亲也十分孝顺，家里虽穷，但有什么好吃的，他一定要给母亲留着，母亲要他吃时，他总是骗母亲说吃过了。

这年夏天，书生的母亲腿上长了一个痈。由于天气热，不到一天就溃烂流脓了，脓液流过的地方又长了几个，连衣服上都沾上了脓液，但书生不嫌脏，自己亲手为母亲洗干净。晚上，母亲热得睡不着觉，伤口又痒又痛，书生就整夜为母亲扇风驱赶蚊子。书生找来郎中给母亲煎了一些汤药，但是效果不明显。书生心里十分着急，听说村西边的仙隐山上有灵芝仙草能治百病，就准备上山试试运气，看能否找到灵芝。

第二天，书生带上药锄来到仙隐山下，只见这仙隐山果真雄伟巍峨，山峰拔地而起，山顶云雾缭绕，宛若仙境。走进山中又是另一番光景，只见山中古木成荫，遮天蔽日，林中又多生奇花异草，书生在山中苦苦寻觅，终于看到一块崖壁上长有灵芝。那块崖壁上方两丈高的地方有一块岩石凸起，那株灵芝就长在上面。书生小心翼翼地往上攀爬，眼看就要摘到灵芝了，谁知脚下一滑就从崖壁上摔了下来。这下可好，灵芝没摘到，腿倒被山石划开一道口子，正在汩汩地流着血。书生疼痛难忍，看见脚边有一些草，开着紫色的小花，叶子上面有细细的白色绒毛。他想：听说山里的一些草药可以止血，我不妨一试，于是书生摘了一些这种草嚼碎，一部分敷在伤口上，一部分自己吞了下去，没想到过了一会血就止住了，伤口也没有那么疼了。书生想：要想再爬上去采灵芝是不可能的了，不过这种草药如此神奇，不知能否治我娘的病呢？抱着这种想法，书生采了一些这种神奇的草药回到了家里。书生把草药捣碎敷在母亲的患处，一天以后创口就不再流脓，两天之后创口愈合，周围的红肿也消退了。治好母亲的病后，书生更加发奋读书，后来考中进士，步入仕途，让母亲安享晚年。而书生在山中采摘的既能凉血止血，又能散瘀消痈的神奇草药就是小蓟。

白术

谷深不见兰生处，追逐微风偶得之。
解脱清香本无染，更因一嗅识真如。
老僧似识众生病，久在山中养药苗。
白术黄精远相寄，知非象马费柔调。

——《答琳长老寄幽兰白术黄精三本二绝》（北宋）
苏辙

一、物种本源

拉丁文名称，种属名

白术（*Atractylodes macrocephala* Koidz.），为菊科苍术属多年生草本植物白术的干燥根茎，又名杨枹蓟、于术、冬木、浙术等。

形态特征

白术为肥厚、块状的根茎，长为3～13厘米，直径为1.5～7厘米，它的表面有很多纵皱和沟纹以及须状根痕，颜色为灰黄色或灰棕色。白术质地坚硬，一般不容易被折断。

习性，生长环境

白术主要产于我国浙江、江苏、江西、湖北、湖南、安徽等地。

二、营养及成分

经测定，白术的根茎中含有挥发油，还含有β-橄香醇、苍术酮、果糖、菊糖与氨基酸（天冬氨酸、丝氨酸、谷氨酸、丙氨酸、甘氨酸等）以及维生素A和丰富的微量元素。

三、食材功能

性 味 味苦、甘，性温。

归 经 归脾、胃经。

功 能

（1）白术有保肝利胆、利尿的作用。

（2）白术对心脏具有抑制作用，可扩张血管平滑肌。

（3）白术具有降低血糖的作用，可显著抑制血小板的减少。

（4）白术在不同程度上对各种细菌有抑制作用。

（5）白术可以调节肠道功能、增强人体的消化吸收功能。

切片白术

四、烹饪与加工

白术猪肚粥

（1）材料：白术、猪肚、青菜、米、盐。

白术猪肚粥

（2）做法：将白术放入砂锅中，加入清水以慢火煎汁。在煮好的药汁中加猪肚、米、青菜熬煮成粥，最后加入适量的盐调味即可。

白术茯苓乌鸡汤

（1）材料：白术、茯苓、乌鸡、盐、姜。

（2）做法：首先将鸡清洗干净、去鸡内脏后再把鸡肉清洗一遍，切成两半备用；然后在锅中加入适量的清水，大火煮沸后依次放入白术、茯苓、乌鸡、姜等材料，先用大火熬制，再改用小火慢炖，最后加入适量的盐调味即可。

五、食用注意

（1）白术能燥湿伤阴，故只适用于中焦有湿之症，如属阴虚内热或津液亏耗燥渴者，均不宜服用。

（2）白术不宜过多服用。

传说故事

白术姑娘的故事

南极仙境有只仙鹤，来到了天目山麓上空，看到下界有一块靠山、傍水、向阳和避风的盆地，便降落下来，把口里衔着的药草种了下去。仙鹤日里除草、松土和浇水，夜里就垂颈俯首，守护在旁。日子一长，仙鹤化成了一座小山，人称“鹤山”。

有一天，鹤山发生一场大瘟疫，不少人染病在床。这一天，正是重阳节，秋高气爽。于潜街尽头，来了一位姑娘，白衣白裙，上绣朵朵菊花和点点朱砂，她摆了摊在叫卖白术，免费发放给病人。有个药店老板见有利可图，就全部收买了下来。这白术奇效无比，人们个个摆脱了病魔，药店老板发了一笔大财。

等到了第二年重阳节，那白姑娘又来卖白术。这一次，老板百般殷勤，搬凳献茶。白姑娘一坐定，老板娘偷偷用针穿了一根红线，别在了姑娘的衣裙上。白姑娘走后，老板带了一个伙计，悄悄地跟了上去。白姑娘顺着一条荒芜的羊肠小道往山坡上走，走着走着，忽然不见了。老板和伙计满山寻找，在山冈上找着了一株穿着红线的药草，香味扑鼻。老板开心极了，说：“好！这个活宝贝可落到我手里了！”于是大声叫喊伙计：“快！快！拿锄头来。”谁知一锄头掘下去，“啪”的一声，闪出一道金光，刺瞎了老板的眼睛。那株千年老白术就无影无踪，再也找不着了。以后，再没有见到那白衣姑娘。

于潜鹤山产的白术特别珍贵，你若切开来看一看，还有朱砂点和菊花般的云头形状哩！

菊苣

我居西山下，距城半里所。
门前有雀罗，户内无阿堵。
小园桃李空，数棱独苦苣。
同心相过时，小摘为烹煮。

——《滕元秀诗集》
（南宋）滕岑

一、物种本源

拉丁文名称，种属名

菊苣（*Cichorium intybus* L.），为菊科菊苣属植物毛菊苣及菊苣的干燥地上部分或根，又名卡斯尼、蓝菊等。

形态特征

菊苣为多年生草本植物，茎直立生长，植株高为40～100厘米。菊苣基生叶子呈莲座状，为倒披针状长椭圆形；而茎生的叶子较小，无叶柄，叶两边有稀疏的长节毛，开舌状小蓝花；瘦果呈椭圆状、倒卵状或倒楔形。

习性，生长环境

菊苣喜欢冷凉、湿润的气候环境，耐寒性和耐盐碱性都比较好。在欧洲、亚洲、非洲广泛分布，多见于荒地、河边、水沟、山坡等生境；在我国分布于东北、华北、西北等地。

二、营养及成分

菊苣含马栗树皮素、马栗树皮苷、野莴苣苷、山莴苣素和山莴苣苦素等成分。

三、食材功能

性味 味苦、微咸，性凉。

归经 归肝、胃经。

功能

（1）清热解毒、利尿消肿。菊苣有清热解毒、利尿消肿的作用，适用于湿热黄疸、肾炎水肿、急性肾炎、气管炎等病症。

（3）清热健胃。菊苣有健脾胃、消食的功效，可以清除胃热，可以有效治疗消化不良、腹胀等病症。

（4）其他作用。菊苣煎剂有抗菌、收敛作用，根可提高食欲，改善消化功能。

四、烹饪与加工

菊苣茶

（1）材料：菊苣、栀子、葛根、桑叶、百合。

（2）做法：大火将菊苣、栀子、葛根、桑叶、百合加水煮开，转小火煎制，待茶汤至适合温度后即可饮用。

菊苣沙拉

（1）材料：菊苣叶、芦笋、面包粒、黄瓜、西红柿、沙拉酱。

（2）做法：菊苣叶洗净沥干，撕成片与芦笋、面包粒、黄瓜、西红柿一同放入容器中拌匀，淋上沙拉酱即可。

菊苣茶

菊苣沙拉

五、食用注意

脾胃虚寒，便溏者忌用。

传说故事

菊苣治黄病的传说

相传，在明朝末年，新疆郊外，有一个牧场主，养有数千只羊，这些羊全靠一个不足十五岁的穷孩子庆娃和一只牧羊犬甜甜在草原上放牧。

在这年的春天，庆娃突然得了一种黄病（传染性黄疸肝炎），浑身皮肤金黄色，连眼珠子也是黄黄的。牧场主听人说这种病会“过人”（传染），于是不准庆娃回家吃饭，也不准长工为庆娃和牧羊犬送饭，怕“过”上了。

就这样，庆娃和牧羊犬相依为命，继续为牧场主放牧。为了生存下去，庆娃饿了就吃一种根肥大、茎直立、中空、有棱、开蓝花的野菜，渴了就吮几口羊奶。有时候，牧羊犬甜甜也用嘴帮庆娃采这种野菜。

天长日久，庆娃困了就和羊群挤在一起，和羊一起睡，草原上风大，冷了他就怀抱一只羊羔取暖，再冷，就怀抱两只。

就这样，经历了九九八十一天，庆娃皮肤的黄色渐渐退去，眼珠也不黄了，跑追羊群也有劲了。庆娃黄病不治而愈的消息在草原上传开了。一个长期在草原上的游医起初还不相信，后来，他试着用这种野菜治好了不少有黄病的人。

从此，菊苣就成了维吾尔族的习用药材。

旱莲草

地生鳢肠旱莲草，人盼长寿松不老。
心如莲花无邪念，海阔天空任逍遥。

——《墨草》（清）郝峰

一、物种本源

拉丁文名称，种属名

旱莲草为菊科鳢肠属一年生草本植物鳢肠［*Eclipta prostrata*（L.）L.］的全草，又名墨水草、墨斗草、墨旱莲等。

形态特征

旱莲草为不规则的小段，茎、叶混合。茎为圆形小段，呈绿褐色或带紫红色，茎叶在受到外部刺激的时候，会出现流出黑色液体的应激反应，所以又被人们称为墨旱莲。叶多卷曲，破碎，两面均有白色粗毛，绿褐色；微有香气，味淡微咸。

习性，生长环境

旱莲草，喜湿润气候，耐阴湿，广泛分布于世界热带、亚热带地

旱莲草

区，我国各省均有出产，主产于江苏、江西、浙江等地。

二、营养及成分

据测定，旱莲草含挥发油、蛋白质、烟碱、α-丁香烯、维生素A、胡萝卜素，微量元素氯、钾等，此外尚含鞣质、皂苷、黄酮、噻吩类化合物等。

三、食材功能

性味 味甘、酸，性寒。

归经 归肾、肝经。

功能

（1）旱莲草，甘酸性寒，甘主补，酸能敛，寒清热，可凉血止血，补肝益肾。

（2）旱莲草对于须发早白、阴虚血热、各种出血、肝肾阴虚之头晕目眩等症，均颇有效。

四、烹饪与加工

旱莲草茶

（1）材料：旱莲草、冰糖。

（2）做法：旱莲草斩成粗沫，放入保温瓶中，冲入沸水闷泡20分钟，滤出汤汁，加入冰糖搅拌溶解即可。

旱莲草瘦肉红枣汤

（1）材料：旱莲草、红枣、猪瘦肉、盐。

（2）做法：先将猪瘦肉洗净，切片；把旱莲草、红枣（去核）洗

旱莲草茶

净。将旱莲草、红枣、猪瘦肉一并放入锅内，加入适量清水，慢火煮60分钟左右，加入少许盐调味即可。

五、食用注意

脾胃虚寒、大便腹泻者不宜服食旱莲草。

传说故事

吃旱莲草长寿的传说

相传，唐代有个叫刘简的人，平生爱慕仙道，听说哪里有名山仙迹，定要去游览拜访。

刘简遇到一位自称“虚无子”的采药老人，虚无子被刘简锲而不舍的精神所感动，便把他带到自己的药园参观。虚无子对他说：“长生不死是不可能的，但长寿是可望的。”虚无子指着水池边一种长得墨绿的草说：“别以为只有高山上的灵芝是仙草，这水边也长仙草，我就是常食这种草药，活到百岁而发不白、耳聪目明的。”

临别时，虚无子送给刘简一包药种，让他回去后种在水池或水田边，苗长到半尺以后即可开始服用。嫩时可当菜吃，夏秋可采鲜茎叶煎水喝，每天用本品二两左右；冬天则用阴干的茎叶，每天一两煎水饮用。长期坚持，必有成效。刘简回家后按照虚无子的吩咐，种植、食用，果然也活到一百多岁而发不白、耳不聋，还能看清书上的小字。因这种植物呈墨绿色，刘简便给它取名为“墨斗草”或“旱莲草”。

芦根

日出移船日又斜，芦根时复见人家。
水乡占得秋多少，岸岸红云是蓼花。

——《下塘》（南宋）高翥

一、物种本源

拉丁文名称，种属名

芦根为禾本科芦苇属植物芦苇［*Phragmites communis* Trin.］的新鲜或干燥根茎，又名芦柴根、苇根、芦芽根、芦头等。

形态特征

新鲜芦根呈长圆柱形或扁圆柱形，长短不一，直径约1.5厘米；表面黄白色，有光泽，先端尖形似竹笋，绿色或黄绿色；全体有节，节间长10～17厘米，节上有残留的须根及芽痕。质轻而韧，不易折断；横切面黄白色，中空，周壁厚约1.5毫米，可见排列成环的细孔，外皮疏松，可以剥离。干芦根呈压扁的长圆柱形，表面有光泽，黄白色，节部较硬，显红黄色，节间有纵皱纹；质轻而柔韧，不易折断。

习性，生长环境

芦苇对气候要求一般，喜温暖、湿润和阳光充足的环境，在世界各地都有分布，生长于池沼、河岸、河溪边多水地区，常形成苇塘。

二、营养及成分

芦根含多种维生素、蛋白质、脂肪、碳水化合物、氨基酸、脂肪酸、甾醇、生育酚、多元酚、薏苡素、小麦黄素、木糖和葡萄糖等成分。

三、食材功能

性味 味甘，性寒。

归经 归肺、胃经。

功能

（1）芦根甘寒，能清热生津、除烦止渴。

（2）芦根清泄肺热，兼能利尿，可治肺热、咳嗽痰稠及肺痈咳吐脓血等症。

（3）芦根兼透散之性，可治温病初起表证未罢者。

四、烹饪与加工

芦根汤

（1）材料：芦根、白萝卜、葱。

（2）做法：白萝卜洗净沥干水分，切片；葱白洗净切段，备用。芦根洗净后浸泡冷水约10分钟备用。将白萝卜片、葱白段、芦根放入锅中，加水煮至沸腾。再以小火续煮约30分钟，过滤后即可饮用。

芦根汤

芦根粥

（1）材料：芦根、米、糖。

（2）做法：将芦根洗净切碎放砂锅中加水置武火上烧沸煎取浓汁。将洗净的米放入锅中与芦根汁一同熬煮至黏稠，调入糖搅匀即可。

芦根粥

五、食用注意

脾虚便溏者，不宜服用；若服用的药中有巴豆，勿食芦笋。

传说故事

鲜芦根的故事

江南有个山区，这个地方有个开生药铺的老板。由于方圆百里之内只有他这么一家药铺，所以这个药铺老板也就成了当地的一霸。不管谁生了病都得吃他的药，他要多少钱就得给多少钱。

有家穷人的孩子发高烧，病很重。穷人就到药铺看病，药铺老板说退热得吃“羚羊角”，五分羚角就要十两银子。穷人说：“求你少要点儿钱吧，这么贵的药咱穷人吃不起呀！”

药铺老板说：“吃不起就别吃，我还不想卖呢。”

穷人没法，只有回家守着孩子痛哭。

这时，门外来了个讨饭的叫花子，听说这家孩子发高烧，家里又穷得买不起那位药铺老板的药，便说：“退热不一定非吃羚角不可。”

穷人急问：“还有便宜的药吗?”

“有一种药不花一个钱。”

“什么药?”

“你到塘边挖些芦根回来吃。”

“芦根也能治病?”

“准行。”

穷人急忙到水塘边上，挖了一些鲜芦根。他回家煎好给孩子灌下去，孩子果然退了热。穷人十分高兴，就跟讨饭的叫花子交了朋友。

从此，这里的人们发高烧时再也不用去求那家药铺了。芦根成了一味不花钱的中药。

淡竹叶

嫩碧长阶前。似新篁、叶叶烟。
黛痕细折天生茜。铜花也欠鲜。
石花也未妍。青螺一点枝头颤。翠为钿。
玉台妆罢，宜贴两眉边。

——《黄莺儿·淡竹叶》（清）吴绡

一、物种本源

拉丁文名称，种属名

淡竹叶（*Lophatherum gracile* Brongn.），为禾本科淡竹叶属植物淡竹叶的干燥茎叶，又名金竹叶、长竹叶、山冬、地竹、山鸡米、竹叶麦冬、野麦冬等。

形态特征

淡竹叶为多年生草本，具木质根头。须根中部膨大呈纺锤形小块根；秆直立，疏丛生，高为40~80厘米。叶鞘平滑或外侧边缘具纤毛；叶舌质硬，长为0.5~1.0毫米，褐色，背有糙毛；叶片披针形，长为6~20厘米，宽为1.5~2.5厘米，具横脉，有时被柔毛或疣基小刺毛，基部收窄成柄状。

习性，生长环境

淡竹叶耐贫瘠，喜温暖湿润，耐阴亦稍耐阳，生长于山坡、林地或林缘、道旁庇荫处。淡竹叶主产我国浙江、安徽、贵州、福建、江苏、河南、云南等地。

二、营养及成分

淡竹叶的叶和茎含三萜类、印白茅素、无羁萜、β-谷甾醇、蒲公英赛醇等成分。

三、食材功能

性味 味甘、淡，性寒。

归经 归心、胃、小肠经。

功能

（1）淡竹叶有清热除烦，泻火止渴，利尿通淋的作用；适用于热病烦渴，小便涩淋痛，小儿惊啼，牙龈肿痛，口舌生疮等症。

（2）淡竹叶具有清热泻火、除烦利尿，杀菌、抑菌、消炎的功效。淡竹叶中的黄酮类物质，具有明显的扩张动脉、增加血管弹性、清理血液垃圾的作用。

（3）淡竹叶能显著增加尿中氯化钠的含量，对于高血钠引起的高血压和水肿等疾病有辅助的治疗作用。

（4）淡竹叶水浸膏有解热作用，煎剂有轻度的利尿作用，能增加尿中氯化物的排泄量。

四、烹饪与加工

淡竹叶凉茶

（1）材料：淡竹叶、冰糖。

（2）做法：将淡竹叶用水洗去浮灰，放入锅中加水煮沸；烧开后，

淡竹叶凉茶

淡竹叶粥

转小火煮30分钟左右，关火晾凉；用纱布过滤，加入冰糖调味即可饮用。

淡竹叶粥

（1）材料：淡竹叶、粳米、松花蛋、胡萝卜、葱、盐。

（2）做法：先将淡竹叶加水煮，去渣取汁与淘洗干净的粳米、切碎的松花蛋、葱花、胡萝卜丝一同熬煮成稀粥，最后加入盐调味即可。

五、食用注意

（1）淡竹叶有升高血糖的作用，故血糖高者慎用。

（2）无实火、湿热者慎服，体虚有寒者禁服。

张飞与淡竹叶

相传，建安十九年，曹操独揽大权，在朝中威势日甚，此时刘备已取得了汉中，羽翼渐丰，在诸葛亮的建议下，发兵声讨曹操，先锋即是张飞与马超。刘备兵分二路，张飞一路兵马到巴西城后，即与曹操派来的大将张郃相遇。张郃智勇双全，筑寨拒敌。猛张飞急攻不下后，便指使军士在阵前骂阵。张郃不理，在山寨上多置檑木炮石，坚守不战，并大吹大擂饮酒，直气得张飞七窍生烟，口舌生疮，众兵士也多因骂阵而热病烦渴。

诸葛亮闻知后，便派人送来了50瓮佳酿，并嘱咐张飞依计而行。酒抬到了阵前，张飞吩咐军士们席地而坐，打开酒瓮大碗饮酒，自己更是把瓮大饮。有细作报上山寨，张郃登高一看，果然如此，恶狠狠地骂道："张飞欺我太甚。"传令当夜下山劫寨，结果遭到惨败。原来张飞使的是一条"诱敌之计"，他们白天在阵前喝的不是什么"佳酿美酒"，而是孔明遣人送来的一种中药汤——淡竹叶汤，既诱张郃上当，又为张飞和众军士人们解火治病。

白及

叶似藜芦式，花开紫红色。
紫花多繁茂，白花易消失。
日呼为紫兰，供赏园中植。
根白连及生，御赐而名得。

——《白及》（清）江茂修

一、物种本源

拉丁文名称，种属名

白及（*Bletilla striata*（Thunb.）Reichb. f.），为兰科白及属多年生草本植物白及的块茎，又名连及草、冰球子、君求子、白鸡儿、甘根等。本书介绍的白及特指人工栽培的白及。

形态特征

白及呈不规则扁圆形，多有2~3个爪状分枝，有数圈同心环节和棕色点状须根痕，上面有突起的茎痕，质地坚硬。白及茎初始为呈圆球状，随着生长逐渐变为V形。花朵大，呈紫红或粉红色，数量为3~10朵，少数白及会出现分枝情况。

白及花

习性，生长环境

白及喜温暖湿润气候，不耐寒，它主要产于我国贵州、四川、广东、广西、湖南、湖北等地。

二、营养及成分

白及主要的活性成分有联苄类、二氢菲类、多糖、三萜皂苷等，主含联苄类、二氢菲类、双菲醚类、蒽醌类等成分。

三、食材功能

性味　味苦、甘、涩，性微寒。

归经　归肝、肺、胃经。

功能

（1）白及具有良好的局部止血作用，其可以使血细胞凝集，形成人工血栓。

（2）白及对结核杆菌有显著的抑制作用，可用于治疗肺结核等病症。

四、烹饪与加工

白及猪肺汤

（1）材料：白及、猪肺、黄酒、盐。

（2）做法：将猪肺挑去血筋、血膜，剖开洗净后，切块备用；将猪肺块与白及一同放入砂锅内，先加水煮沸，再改用文火煨60分钟左右，最后加入黄酒、盐调味即可。

白及虫草粥

（1）材料：冬虫夏草、白及、冰糖、粳米。

（2）做法：将冬虫夏草与白及加工成粉末；把粳米淘洗干净，放入砂锅内，加水用大火煮沸，再用文火熬成粥，调入冰糖；最后加入虫草粉和白及粉，至粥黏稠即停火，焖5分钟即可。

白及虫草粥

五、食用注意

（1）咳血、风热袭表犯肺及肺胃活动亢进者不可服用。

（2）白及水煎后会使药物呈现胶状，使患者出现恶心、呕吐等症状。

（3）孕妇与儿童慎用。

皇帝赐名白及

古代有位会稽将官，保护皇帝从关外回京，一路上杀了十几名番敌。眼看来到山海关口，突然又冲出六名番敌，围拢过来，这将官请皇帝先行一步，自己断后迎敌，终因疲劳过度，寡不敌众，被敌人砍了四刀后，他还稳坐在马背上，冲杀了回来。当到关前，他一声大吼，马竟跃上城头。番敌追来又用箭射，这将官又中一箭。

皇帝很感动，马上命太医抢救，血止伤愈，就是肺被箭射穿，呼吸困难，嘴里吐血，病情危急。皇帝下令张贴榜文，征召天下能医之人。随即，一位老农拿着几株叶像棕榈叶、根像菱角肉的中草药，献给皇帝道："把这药烘干研成粉，一半冲服，一半外敷。"将官用药后果然痊愈。

皇帝要封老农做官，他不要，赏他银子他也不受。老农笑道："我什么也不要，只请您把这味药叫太医院编入药书，公布天下，救治众生。"皇帝赞许，问药叫何名，老农答："还没有取名，请皇帝赐名。"皇帝想了想，问："你叫何名?"老农道："我叫白及。"皇帝笑道："那就给它取名'白及'吧。"从此，白及这味药就流传下来。也有人说，老农分文不取，送药治病，又叫它"白给"，后人写成了"白及"。

天麻

无风摆动独摇芝，互依生存世间奇。
唐宫惊变祸此物，险乎毒杀李隆基。

——《说天麻》（清）吴光年

一、物种本源

拉丁文名称，种属名

天麻（*Gastrodia elata* Bl.），为兰科天麻属植物天麻的干燥块茎，又名赤箭、独摇芝、定风草、鬼督邮、离母、水洋芋等。本书介绍的天麻特指人工栽培的天麻。

形态特征

天麻为多年生腐生草本，高为60～100厘米。地下块茎横向生长，肥厚，肉质呈椭圆形或长圆形，长约10厘米，径粗为3～4.5厘米，形如马铃薯，有不明显的环节。天麻多存在于树林中的阴湿环境和腐殖质较厚的土壤上。

习性，生长环境

天麻喜凉爽、湿润环境，怕冻、怕旱、怕高温、怕积水，主产于我国贵州、四川、西藏、云南等省（自治区）。

二、营养及成分

天麻含天麻素、香草醇、甙类、生物碱及维生素A等；此外，尚含天麻挥发油、黏质液，油中成分为香草醇。

三、食材功能

性味 味甘，性平。

归经 归肝经。

功能

（1）平肝熄风。天麻甘平质润，专入肝经，有平肝、息风、止痉的功效，凡眩晕头痛、痉挛抽搐以及肢体麻木、手足不遂等症，皆可平息。

（2）定惊安神。天麻厚实，富含脂肪，故能安神，可用于小儿热痰惊风、小儿癫痫、神经衰弱、语多恍惚等症。

（3）通经活络。一般偏瘫主要由外因、风湿性关节痛、经络不通等症引起，天麻可以引经使气血直达壅塞之处，使气畅血通。

四、烹饪与加工

天麻猪肚鸡

（1）材料：土鸡、猪肚、天麻片、姜、枸杞、蛹虫草、红枣、玉米、油、盐、面粉、料酒。

（2）做法：鲜猪肚用盐和面粉反复搓洗干净、切丝，在锅中加水加料酒后焯水；将土鸡清洗干净，剁块；把天麻片用温水泡开，姜切片，玉米切段；起锅热油，放入猪肚丝和鸡块，炒干水分；锅内加入烧好的热水，没过猪肚丝和鸡块；加入天麻片、姜片、红枣、玉米段、枸杞和蛹虫草；大火烧开后转文火炖100分钟左右；最后加入适量盐调味即可。

天麻猪肚鸡

天麻炖猪脑

天麻炖猪脑

（1）材料：天麻、猪脑、枸杞、葱、姜、香油、盐。

（2）做法：把天麻洗净，放入碗内蒸约30分钟，取出切片；将猪脑放入锅内，加入葱段、姜片、盐和清水，大火炖熟；拣去葱段、姜片，加入天麻片煮沸后淋入香油即可。

五、食用注意

（1）天麻虽能“久服益气，轻身延年”，但每次服食量不可过大。

（2）脱发、恶心头痛、胸闷气喘、皮肤丘疹瘙痒等都是服用天麻的副作用。

传说故事

天麻治头痛的传说

天麻是一种珍贵的中药材，生长在深山峡谷之中，一株只长一个天麻的，叫独麻；一株长一窝天麻的，叫窝麻。天麻主治肝风头痛、眩晕、小儿惊风等症，功效显著。中国不少深山都产天麻，但保康产出的药效最好，这里还有个传说故事。

古时候，荆山深处有一个部落，住着百十户人家，过着安居乐业的生活。这一年，部落里突然流行起一种奇怪的疾病。这种病一旦缠身，头痛得像裂开似的，严重的会四肢抽搐，半身瘫痪。部落里的人们占卜求医，但都不见效果。

部落首领十分难过，决心去访求名医。他听说五道峡有一个神医能治疗这种病，于是带了干粮，披星戴月，向五道峡进发。

五道峡是山中蜿蜒曲折的大峡谷，四周崇山峻岭环绕，人迹罕至，到哪里去寻找神医呢？首领翻越了一座座山峰，走遍了每道山坡，终于在一片树林里遇到了一位打柴的老汉，老汉打听神医住在什么地方。老汉打量了部落首领一下，说神医这几天到双梯寨去了，让他到那里找一找。这位首领辞别了老汉，又急急忙忙地向双梯寨赶去。

这双梯寨，实为耸立在万仞绝壁上的天然石寨。一路上山道崎岖，奇峰插云，这位首领历经千辛万苦，终于攀上了双梯寨。没想到他刚进寨门就感到头晕目眩，一头栽进一个山洞中。

没过多久，他慢慢醒来，四肢也不抽搐了。他起身打量洞内的东西，发现石桌上堆着一些植物块茎。正在这时，洞外走进来一位老汉，手中端着一碗药，让部落首领喝下去。首领一看，眼前的老汉正是在五道峡树林里遇到的那位打柴人。他刚要说话，老汉笑呵呵地拦住他，告诉他生的病和部落的人们生的病一样，要靠一种药材医治。药材已准备好，就放在石桌，让他病好后带回部落里去。首领躬身下拜，感谢老汉的救命大恩。老汉告诉他说，这种药材如果吃不完，就把它藏在背阴的烂树叶里，它就会永远用不完。

首领低身下拜，待他抬起头时，老汉已不见踪影了。

他回到部落，把神医赐的药材熬了一大锅，让生病的人喝下，几锅药水一喝，部落里生病的人逐渐好了。他把剩下的药材，依照神医所嘱，藏在背阴处的烂树叶里。从此，这药材就年复一年地繁殖下来。

人们说这药材是神医所赐的上天之物，又专治头晕目眩，半身麻痹瘫痪，就把这种药材叫作“天麻”了。现在，人工栽培天麻已获成功，到保康五道峡的游客，都不忘购买一些药效好的天麻带回去用来滋补身体。

菟丝子

唐周武则天，视兔如己命。
兔死葬豆田，从此豆不宁。

——《黄丝藤（豆寄生）》
（清）石晓

一、物种本源

拉丁文名称，种属名

菟丝子（*Cuscuta chinensis* Lam.），为旋花科菟丝子属植物菟丝的干燥成熟种子，又名吐丝子、无娘藤、豆寄生、无根草、黄丝藤等。

形态特征

菟丝子多寄生于豆藤之上，使豆不能生长而枯死，因此，有盘死豆、缠豆藤之俗称。菟丝子长可达1米，有黄色的丝状茎和鳞状的苞片，茎跟着寄生根伸入寄主体内，呈杯状的花萼和5裂白色的球形花冠。蒴果像球的形状，有2~4粒种子，菟丝子通常在秋天采摘全草及其种子，晒干后贮藏。

菟丝子花

习性，生长环境

菟丝子在全国大部分地区都有分布，另外在日本、伊朗和阿富汗等地也有分布，其多生于草丛、灌丛中，多寄生于豆科及菊科植物上。

二、营养及成分

据测定，菟丝子中含脂甙、淀粉酶、维生素A类物质、糖类，主含黄酮类成分金丝桃苷、菟丝子苷、槲皮素等，有机酸类成分绿原酸等，其次还含钙、铬、锰、铁、镍、锌等多种微量元素及氨基酸等。

三、食材功能

性味 味辛甘，性平。

归经 归肝、肾、脾经。

功能

（1）补肾固精。菟丝子具有补益肝肾的功效，常用于肝肾不足、腰膝酸软、肾虚胎漏、脾肾虚泻等症状。

（2）养肝明目。菟丝子能够减轻晶状体混浊程度，对半乳糖性白内障具有延缓和治疗作用。

（3）增强免疫。菟丝子具有增强免疫的功效，能促进体液免疫、细胞免疫及网状内皮系统吞噬能力。

四、烹饪与加工

菟丝子茶

（1）材料：菟丝子。

（2）做法：用沸水冲泡菟丝子片刻即可。

菟丝子茶

菟丝子粥

（1）材料：菟丝子、粳米、糖。

（2）做法：先将菟丝子洗净捣碎，水煎，取汁，去渣；再将粳米淘洗干净，放入菟丝子汁中，加清水和适量糖，熬成稀粥即可。

五、食用注意

（1）阴虚火旺、大便燥结、小便短赤者不宜食用。

（2）尽量避免和辛辣油腻的食物及浓茶一起食用，否则会减弱疗效，甚至起到相反的作用。

传说故事

黄丝藤治兔伤的传说

从前，江南有个养兔成癖的财主，雇了一名长工为他养兔子，并规定，如果死一只兔子，要扣掉他四分之一的工钱。

一天，长工不慎将一只兔子的脊骨打伤，他怕财主知道，便偷偷地把伤兔藏进了豆地。事后，他却意外地发现伤兔并没有死，并且伤也好了。为探个究竟，长工又故意将一只兔子打伤放入豆地，并细心观察，他看见伤兔经常啃一种缠在豆秸上的野生黄丝藤。长工大悟，原来是黄丝藤治好了兔子的伤。于是，他便用这种黄丝藤煎汤给有腰伤的爹喝，爹的腰伤也好了。他又通过几个病人的试用，断定黄丝藤可治腰伤病。

不久，这位长工便辞去了养兔的活计，当上了专治腰伤的医生。后来，他把这药干脆就叫“兔丝子”。由于它是草药，后人又在兔字头上面冠以草字头，便写成“菟丝子”。

杜仲

右归饮治命门衰，附桂山萸杜仲施。
地草淮山枸杞子，便溏阳痿服之宜。
左归饮主真阴弱，附桂当除易龟麦。

——《景岳全书》（明）张景岳

一、物种本源

拉丁文名称，种属名

杜仲（*Eucommia ulmoides* Oliv.），为杜仲科杜仲属植物杜仲的干燥树皮，又名胶树、木棉、思仲、丝棉皮、丝楝树皮等。

形态特征

杜仲科落叶乔木高为10～20米，树枝、树叶和树皮折断后，会有很多的细丝，呈银白色。其单叶互生，叶整体呈椭圆形或椭圆状卵形，边缘像锯齿一样参差不齐。花单性，异株，在花叶出现之前或之时开花，单生，无花被，雄花苞叶为匙状倒卵形，雌花的花柄较短，并且它的苞叶较小。

习性，生长环境

杜仲喜温暖湿润气候和阳光充足的环境，能耐严寒，我国大部地区

杜仲花

均可栽培，适应性很强，对土壤没有严格选择，但以土层深厚、疏松肥沃、湿润、排水良好的土壤最宜。

杜仲分布于我国陕西、甘肃、河南、湖北、四川、云南、湖南、安徽、陕西、江西等省，现各地广泛栽种。

二、营养及成分

据测定，杜仲含有松脂素苷、杜仲苷、绿原酸、黄酮类等以及多种氨基酸和微量元素。

三、食材功能

性味 味甘，性温。

归经 归肝、肾经。

功能

杜仲是常用的补肾、健骨的中药材。它主要有补肝肾、强筋骨、安胎的功效，并且还有治疗高血压以及主腰脊痛的功效和作用。

四、烹饪与加工

杜仲墨鱼汤

（1）材料：杜仲、墨鱼、葱、姜、盐。

（2）做法：将杜仲、墨鱼、葱、姜放入锅中加适量清水炖煮；炖煮烂熟后加入少许盐调味，再稍煮片刻即可。

杜仲羊腰汤

（1）材料：羊腰、瘦羊肉、杜仲、五味子、盐。

（2）做法：将羊腰切开，撕去白筋膜后洗净、切花。羊腰、羊肉焯水后取出。把羊腰、羊肉、杜仲、五味子少许放入炖锅内，加适量凉水，武火烧开转中火炖40分钟左右，放盐调味即可。

杜仲羊腰汤

五、食用注意

（1）阴虚火旺者慎服，内热、血燥者忌用。

（2）杜仲过敏者禁用。

（3）低血压患者禁用。

传说故事

杜仲药名的由来

很多年以前，洞庭湖货运主要靠小木船运输，岸边拉纤的纤夫由于成年累月低头弯腰拉纤，以致十个人中有九个患上了腰疼痛的顽症。有一个青年纤夫，名叫杜仲，心地善良，他一心想找到一味药能解除纤夫们的疾苦。

杜仲告别父母，离家上山采药。一路上，他走过了潺潺溪流，也走过了荆棘丛生的陡坡。有一天，他在山坡上遇到一位采药老翁，满心喜悦地走上前拜见，可老翁连头也不回就走了。杜仲心急如焚，离家三七二十一天，老母所备的口粮已吃光，可至今前路渺茫，于是，他又疾步追上前去拜求老翁，并诉说了纤夫们的疾苦。老翁感动泪下，于是从药篓里掏出一块能够治腰膝疼痛的树皮给杜仲，指着对面高山叮嘱杜仲："山高坡陡，采药时可要小心啊。"杜仲连连道谢，拜别了老翁，沿山间险道攀登而去。

半路上，他又遇到一位老樵夫，听说杜仲要上山顶采药，连忙劝阻："孩子，想必你家还有老小，此山巅天鹅也难以飞过，猿猴也为攀缘发愁，此去凶多吉少啊。"杜仲一心要为同伴解除病痛，决心毫不动摇。他艰辛地爬到半山腰时，只听得乌鸦悲号，雌鹰对着雄鹰哀啼，好像在劝其快回。杜仲身临此境，真是心慌眼花，肚子也饿得咕咕作响，突然栽倒，翻滚到山间，万幸的是身子悬挂在一根大树枝上。过了一会，他清醒过来，发现身边正是他要找的那种树，于是拼命地采集。他精疲力竭，又昏倒在悬崖上，最后被山洪冲入浩渺的八百里洞庭湖。

纤夫们听到这一噩耗，立即寻找，找了九九八十一天，终于在洞庭湖畔一水边的芦苇丛中找到了杜仲的尸体，他手上还紧紧抱着一捆采集的树皮。纤夫们含着泪水，吃完了他采集的树皮，果真，腰膝痛全好了。为了纪念杜仲，从此人们将这种树皮命名为“杜仲”。

高良姜

持螯更喜桂阴凉，泼醋擂姜兴欲狂。
饕餮王孙应有酒，横行公子却无肠。
脐间积冷馋忘忌，指上沾腥洗尚香。
原为世人美口腹，坡仙曾笑一生忙。

——《螃蟹咏》（清）曹雪芹

一、物种本源

拉丁文名称，种属名

高良姜（*Alpinia officinarum* Hance），为姜科山姜属植物高良姜的干燥根茎，又名风姜、高凉姜、膏良姜、良姜、蛮姜等。

形态特征

高良姜是多年生草本植物，植株高为40～110厘米；根茎延长，圆柱形；叶片线形，顶端尾尖，基部渐狭，两面均无毛，无柄；总状花序顶生，直立，花序轴被绒毛；小苞片极小；花萼顶端3齿裂，被小柔毛；花冠裂片长圆，白色，有红色条纹；果球形，熟时红色；花期为4～9月，果期为5～11月。

习性，生长环境

高良姜主产于我国华南、华东、西南等地，在广东、海南、广西、云南、贵州等地均有分布，多生于海拔1000米以内的丘陵、缓坡、荒山坡、草丛、林缘及稀林中。

高良姜花

二、营养及成分

高良姜根茎含挥发油和黄酮类成分。油中含桉油素、蒎烯、莰烯等；黄酮类成分为高良姜素、山柰素、山柰酚、槲皮素及β-葡萄糖甙混合物。

三、食材功能

性味 味辛，性热。

归经 归脾、胃经。

功能

（1）高良姜有散寒止痛、温中止呕的作用，可以治疗胃寒脘腹冷痛，是治疗胃冷痛的常用药，一般与炮姜一起配伍使用。

（2）高良姜水提取物具有镇痛、抗炎活性作用；煎液对白喉类白喉杆菌、肺炎球菌、葡萄球菌、枯草杆菌等均有不同程度的抗菌作用；醚提取物和水提取物有显著的对抗实验性溃疡作用；不同浓度的高良姜水提取物对实验性血小板聚集有明显抑制作用。

四、烹饪与加工

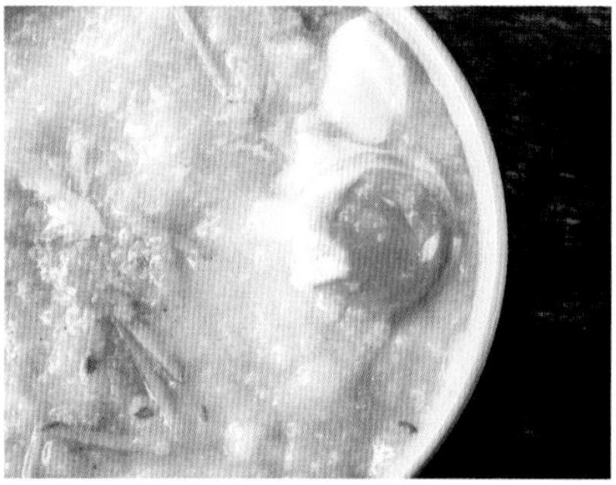

高良姜粥

高良姜粥

（1）材料：高良姜、粳米、鸡蛋。

（2）做法：先煎高良姜，切丝，后下粳米煮粥。根据个人口味可以加入荷包蛋等辅材。

高良姜鸡汤

（1）材料：高良姜、鸡肉、枸

杞、山药、葱、盐。

（2）做法：鸡肉切去肥脂，放入开水中焯过，吊干水。把高良姜、鸡肉、枸杞、山药、葱放入锅内，加适量水，武火煮沸后，文火煮40分钟左右，加盐调味即可。

高良姜鸡汤

五、食用注意

阴虚阳旺有热者，禁服用。

传说故事

苏东坡与高良姜

苏东坡是北宋的大文学家，既热爱生活也乐于享受各种美食。因为他和当时掌权的宰相政见不合，从京城被贬到惠阳当一个小官。那时，广东是岭南瘴疠之地，北方人很难适应这里的天气环境。

苏东坡刚到惠阳时水土不服，经常上吐下泻，周围又没有亲人照顾，一下子就消瘦了很多，心情很苦闷。因为苏东坡以前在京城做大官的时候很清廉，关心老百姓疾苦，所以名声非常好。住在附近的邻居们都非常仰慕苏东坡，经常过来帮忙送菜，但苏东坡的肠胃总不见好，吃什么都没有胃口。

一天，有个邻居打听到苏东坡特别爱吃肘子，特意为他做了一道红烧肘子。这道菜看起来色泽红亮，闻起来香气四溢，立刻勾起了苏东坡的食欲。肘子吃起来肥而不腻，香辣可口，吃完后，苏东坡觉得意犹未尽，并且感觉肠胃也舒服多了。作为美食家的苏东坡，品尝过各类美味，觉得这道红烧肘子味道与众不同，便询问邻居菜里加了什么特别的调料。邻居告诉他说，只比其他人做的肘子里加了本地特产的姜。当地人平常多用此姜来炒菜或泡水喝，对肠胃很有好处。

自此以后，苏东坡让人炒菜的时候都要放入这种调料，他的肠胃很快就恢复了正常，又可以尽享南方各种美食了。苏东坡在惠阳生活得十分惬意，写下了“日啖荔枝三百颗，不辞长做岭南人”的诗句。因为这种姜出于古高凉郡（今广东惠州一带），外形又和生姜很相像，当地的老百姓将其命名为“膏药凉姜”，后因谐音而讹称为“高良姜”。其味道没有生姜那么辛辣，既可用当食材也可药用。

牛膝

玉女煎用熟地黄，膏知牛膝麦冬襄，
肾虚胃火相为病，牙痛齿衄宜煎尝。

——《景岳全书》（明）张景岳

一、物种本源

拉丁文名称，种属名

牛膝（*Achyranthes bidentata* Bl.），为苋科牛膝属植物牛膝的干燥根，又名百倍、倒扣草、怀牛膝、对节草等。

形态特征

牛膝作为一味中药，呈细长圆柱形，挺直或稍弯曲，长为15~70厘米，直径为0.4~1厘米；表面呈灰黄色或淡棕色，有微扭曲的细纵皱纹、排列稀疏的侧根痕和横长皮孔样的突起；质硬脆，易折断，受潮后变软，断面平坦，淡棕色，中心维管束木质部较大，其外周散有多数黄白色点。

习性，生长环境

牛膝喜温暖干燥气候，适宜生长在温暖干燥的地区，耐寒性差。一般生于屋傍、林缘、山坡草丛中，除东北外，全国均有分布。

牛　膝

二、营养及成分

牛膝含三萜皂苷类、多种多糖类，还含蜕皮甾酮、牛膝甾酮、红苋甾酮，多种氨基酸类，微量元素锌、锰、铁等。

三、食材功能

性味 味苦、甘、酸，性平。

归经 归肝、肾经。

功能

（1）化瘀活血，通经止痛。牛膝对于治疗跌打伤痛和妇科经产诸病具有较好疗效。

（2）降脂，降血糖。牛膝蜕皮甾酮有降脂作用，并能明显降低血糖。

（3）抗凝血。牛膝能降低全血黏度、红细胞比容、红细胞聚集指数，并有抗凝作用。

四、烹饪与加工

牛膝糙米粥

（1）材料：牛膝、糙米。

（2）做法：使用适量清水将牛膝煎煮去除药渣，取其药汁，然后将糙米倒入煎煮好的药汁中煮制成粥即可。

牛膝炖鸡

（1）材料：牛膝、鸡、红枣、葱、蒜、盐。

（2）做法：将牛膝、鸡清洗干净备用；把鸡放入水中煮沸，撇去浮

牛膝炖鸡

沫；将牛膝、红枣、葱、蒜放入锅中，大火烧开后，文火炖60分钟左右，最后加适量盐调味即可。

五、食用注意

（1）脾虚泄泻，下元不固，梦遗失精者忌服。

（2）孕妇及月经过多者忌服。

传说故事

郎中收徒

有位河南郎中到安徽来卖药行医，日子一长，人熟地熟了，也就定居在这里了。

河南郎中是个光棍汉，无妻无子，孤身一人，只是收了几个徒弟。他认识一种药草，经过炮制可强筋骨、补肝肾。郎中靠它不知治好了多少气虚血亏的痨伤病人。郎中心想：应该把这秘方传给谁呢？从表面上看，几个徒弟都不错，但是知人知面不知心，真要把这秘方传给一个心地善良的好徒弟，还得试一试。于是他就对徒弟们说："我如今年老多病，不能再采药卖药了。你们都学会了本事，各自谋生去吧。"

大徒弟心想：师傅卖了一辈子药，准攒了不少钱，他又无儿无女，留下的钱财理应归自己。所以，他对师傅说："我不离开师傅，师傅教我学会了本事，我该养你到老。"别的徒弟也都这么说。师傅一看，只好先到大徒弟家中来住。大徒弟好吃好喝地招待，令师傅十分满意。过了些日子，大徒弟趁师傅不在家，偷着把师傅的行李打开一看，原来师傅根本就没钱，只有一样多年没卖出去的药草。大徒弟好不扫兴，从此对师傅再也不关心了。师傅这才看透了大徒弟的心思，就离开他，搬到二徒弟家中。

二徒弟也像大徒弟一样，先是殷勤招待师傅，等发现师傅没钱时也冷下脸来。

过了些日子，师傅又去找三徒弟，三徒弟也不比两位师哥强多少。师傅最后同样住不下去了，只好背上行李卷，坐在街上哭。

这时，最小的徒弟知道了。他跑来对师傅说："到我家去住吧。”师傅摇摇头说：“我身上一个钱也没有，白吃你的饭，行吗？”小徒弟说：“师徒如父子，徒弟供养师傅还不应该吗？”

师傅见他说得实心实意，就搬到小徒弟家中。过了不多日子，师傅突然病倒了，小徒弟整天守在床前伺候着，真像对亲生父母一样孝顺。师傅看在眼里，暗暗点头。一天，他把小徒弟叫到面前，解开贴身的小包袱，说：“这里有一种药草是个宝，用它制成药，能强筋骨、补肝肾，药到病除，我现在就传给你吧！”

不久，师傅死了，小徒弟把师傅安葬妥当。以后，他就靠师傅传下的秘方，成为一个有名的郎中。后来小徒弟开了个大药店，远近闻名。

师傅留的药草形状很特别，茎上有棱节，很像牛的膝头。因此，小徒弟就给它取了个名字，叫作“牛膝。”

补骨脂

七年使节向边隅，人言方知药物殊。
奇得春光采在手，青娥休笑白髭须。

——《服『补骨脂』有悟》
（唐）郑愚

一、物种本源

拉丁文名称，种属名

补骨脂（*Psoralea corylifolia* L.），为豆科补骨脂属植物补骨脂的干燥成熟果实，又名故芷、骨脂、胡韭子、吉固子、破故纸等。

形态特征

补骨脂是豆科植物补骨脂的果实，茎呈直立状，其枝比较坚硬。叶片无毛且全缘遍布不规则锯齿，前端比较尖，后部呈微心形，整体为宽卵圆形，长为6~9厘米，宽为5~7厘米，叶片两面具有黑色腺点。种子颜色为棕黑色，形状呈扁圆形且具有香气。

习性，生长环境

补骨脂喜温暖湿润气候，宜向阳平坦、日光充足的环境，常生长在

中药盐补骨脂

原野、溪旁、田边草丛中；主产于我国陕西、河南、山西、江西、安徽、广东、四川、云南等地。

二、营养及成分

据测定，补骨脂含香豆精衍生物（补骨脂内素质素、补骨脂里定、异补骨脂内素），黄酮类化合物（补骨脂甲素、补骨脂乙素等），尚含豆甾醇、棉籽糖、脂肪油、挥发油及树脂等。

三、食材功能

性味 味辛、苦，性温。

归经 归肾脾经。

功能

（1）补骨脂具有平喘、补肾阳虚、强筋骨、固精缩尿的功效。

（2）补骨脂乙素具有明显的扩张冠脉作用，可以提高心脏功率，具有能对抗垂体后叶素引起的收缩冠状血管的作用。

（3）补骨脂外用时能促进皮肤色素新生。

（4）补骨脂对于因化学疗法及放射疗法所引起的白细胞下降，有使其升高的作用。

四、烹饪与加工

补骨脂猪腰汤

（1）材料：补骨脂、猪腰、红枣、姜、盐。

（2）做法：先把猪腰洗净、切块，再与补骨脂加清水同煮，最后加盐调味即可。

补骨脂猪腰汤

补骨脂芹菜煲白鸽

（1）材料：补骨脂、白鸽、芹菜、姜、葱、盐、油。

（2）做法：先把补骨脂烘干打成粉末，把芹菜切段、白鸽切块。把炒锅置武火上烧热，放入油，六成熟时，加入姜、葱，爆香下入鸽肉，炒变色，加入盐、芹菜、补骨脂粉。炒匀后加水烧沸，再用文火煲35分钟左右即可。

五、食用注意

补骨脂，性温燥，易伤阴液，阴虚有火，大便燥结者忌用。

传说故事

补骨脂治阳气衰绝的传说

郑愚是唐朝宰相。成通三年，岭南西道节度使蔡京施行苛政，竟至官逼民反，朝廷命郑愚代之。当时的邕州（今广西南宁）可谓天灾人祸，南诏国入寇，岭南东道兵变，局势岌岌可危。郑愚独力支持，才使得邕州安然无损。

元和年间，75岁高龄的相国郑愚被任命为海南节度使。虽年迈体衰，但他仍毫不犹豫地赶去赴任。连年的劳碌，加上旅途劳顿和水土不服，使他“伤于内外，众疾俱作，阳气衰绝”，一病不起。感念于郑愚对国家殚精竭虑的辛劳，诃陵国李氏三次登门拜访，极力推荐中药补骨脂。

郑愚抱着死马当作活马医的想法，按照李氏介绍的方法开始服用补骨脂。令人惊奇的是，郑愚服用补骨脂七八日后，身上便觉得有了力气。郑愚见补骨脂果然有效，便又连服十日，发现诸疾竟全部治愈。后来，郑愚便常服此药，并在82岁回京时，将此药带入京城广为推荐，且吟诗一首：“七年使节向边隅，人言方知药物殊。奇得春光采在手，青娥休笑白髭须。”

远志

因君病肿两留连，梦到茅山采药年。
我自当归君远志，敢言同病一相怜。

——《漫成六首（其一）》
（明）汤显祖

一、物种本源

拉丁文名称，种属名

远志（*Polygala tenuifolia* Willd.），为远志科远志属多年生草本植物远志的干燥根，又名棘苑、小草、细草等。

形态特征

远志可长至30厘米高，叶柄短或近于无柄；具有条形叶片，长为1～4厘米，宽为0.1～0.3厘米，叶片前部尖，向根部逐渐变窄。夏季茎顶结花，小且稀疏；具有5片萼片，其中呈花瓣状的有2片，内部呈绿白色，边缘呈紫色；其余3片呈淡紫色，其中呈龙骨状的1瓣较大，前部有丝状附属物；具有8朵雄蕊，2室子房，花柱弯曲，柱头裂成两半。

习性，生长环境

远志喜冷凉气候，忌高温，耐干旱，生于草原、山坡草地、灌丛中以及杂木林下，分布于我国山东、安徽、江西、河南、黑龙江等地。

中药炙远志

二、营养及成分

据测定，远志含远志皂苷，水解后生成远志皂苷元A和远志皂苷元B，还含远志碱、远志醇、脂肪油、远志素、树脂等成分。

三、食材功能

性味 味苦、辛，性温。

归经 归心、肾、肺经。

功能

（1）远志具有宁心安神，祛痰镇静的作用，服用远志可以改善睡眠，降低血压，还能有效保护心脑血管，起到抗抑郁等作用。

（2）远志可增加支气管分泌，增强支气管黏膜上皮纤毛运动，故有祛痰作用。

（3）远志能增强子宫的张力和收缩力，还能刺激子宫，造成子宫兴奋。

四、烹饪与加工

远志枸杞煮鹌鹑蛋

（1）材料：远志、枸杞、鹌鹑蛋、冰糖。

（2）做法：将远志用水煮30分钟，去渣备用；将远志药液、鹌鹑蛋、冰糖、枸杞放入锅内，加水煮20分钟即可。

远志红枣粥

（1）材料：远志、红枣、粳米。

（2）做法：将粳米淘洗干净，放入装有适量清水的锅中，加入洗净的远志、红枣，用大火烧开转小火煮成粥即可。

远志红枣粥

五、食用注意

（1）心肾有火，阴虚阳亢者和胃及十二指肠溃疡患者忌用。

（2）实热或痰火内盛者和孕妇慎用。

（3）食用过量可致恶心、呕吐，或致过敏。

传说故事

龚自珍与远志

龚自珍（1792—1841），清末思想家、文学家，浙江仁和（今杭州）人，道光进士，官至礼部主事。

“九边烂熟等雕虫，远志真看小草同。枉说健儿身在手，青灯夜雪阻山东。”诗的大意是说我纵然通晓兵书，熟悉边境的作战地形和有抗击敌人的具体办法，可是得不到朝廷的重用。所以虽有保卫国家的远大理想，却像中药的远志一样，空有其名，仔细看看其长相，它和普通小草无二样。现在虽有匡正天下的抱负、不平凡的身手，却像被大雪封阻在山东道上的游子一样，不能前进。诗人在这里借喻中药远志，生动形象地表达了自己的人生抱负，抒发了不被重用的心境和愤世之情。

龚自珍的这首《远志》诗的历史背景是：当林则徐赴广东查禁鸦片时，曾预料英帝国主义可能出兵侵犯，建议清廷应加强战备，巩固边境海防，绝不能妥协，可惜他的建议未被重视和采纳。在这种情况下，诗人借喻中药名远志，吟诗抒怀，表达自己的思想和心境。

莱菔子

芦菔出深土，内含霜雪清。
冷然消暑暍，快矣解朝酲。
脆白浑胜藕，顽青亦可羹。
镇州禅悦味，从此得佳名。

——《芦菔》（元）昌诚

一、物种本源

拉丁文名称，种属名

莱菔子，为十字花科莱菔属植物萝卜（*Raphanus sativus* L.）的干燥成熟种子，又名萝卜子、菜头子、芦菔子、萝白子等。

形态特征

莱菔子形状稍扁呈近似卵圆或椭圆形，高为30～100厘米，直根，肉质，外皮呈绿色、白色或红色。

习性，生长环境

莱菔子以饱满、有色泽为佳，全国各地均有产出。

二、营养及成分

据测定，莱菔子含芥子碱、脂肪油（油中含大量芥酸、亚油酸、亚麻酸）、挥发油、维生素等。

三、食材功能

性味 味辛、甘，性平。

归经 归肺、脾、胃经。

功能

（1）莱菔子既能消食导滞，又善降气祛痰，消食之中还具有行气除胀之功。

（2）莱菔子中的芥子碱硫氰酸盐具有降血压的作用。

（3）莱菔子与体外细菌外毒素混合后具有解毒作用，还可降压及抗病原微生物。

四、烹饪与加工

莱菔子粥

莱菔子粥

（1）材料：莱菔子、米。

（2）做法：先把莱菔子炒至香熟，然后研成细末；待粥煮成时，放入莱菔子粉，稍煮即可。

莱菔子山楂红枣汤

（2）材料：莱菔子、山楂、红枣、桂圆。

（2）做法：将莱菔子、山楂、红枣、桂圆洗净，同时放置锅内加水煮熟即可。

莱菔子山楂红枣汤

五、食用注意

（1）肺部和肾脏虚弱，气喘咳嗽导致多痰，气弱的患者不宜服用。

（2）莱菔损耗正气，不适宜体虚者服食。

（3）孕妇忌用，儿童慎用。

传说故事

慈禧与莱菔子丸

据传，有一年，慈禧做寿，游园看戏又品尝各种寿字图案的佳肴，一时高兴多吃了一些，病倒了，精力日衰。慈禧命御医每日用上等人参煎成“独参汤”进行滋补。开始疗效不错，后来非但不见效，反而觉得头胀、胸闷、食欲不佳、爱怒、流鼻血。

太医束手无策，即张榜招贤：“凡能医好太后之病者，必有重赏。”三天后，有位走方郎中（也有资料说是下诏苏州名医曹沧州进京为慈禧治疗），对皇榜细加琢磨，悟出太后发病的机理，便将皇榜揭了下来。郎中从药箱内取出三钱莱菔子，研细后加点面粉，用茶水拌后搓成3粒药丸，用锦帕一包呈上去了，并美其名为“小罗汉丸”，嘱咐1日服3次，每次服1粒。说也奇怪，太后服下1丸，止住鼻血；2丸下去，除了闷胀；3丸服下，太后竟然想吃饭了。慈禧大喜，即赐给郎中一个红顶子（红顶子是清代官衔的标志），这就是当时盛传的“三钱莱菔子，换个红顶子”的笑话。

骨碎补

山涧猢狲姜，雨露更茂旺。
御赐骨碎补，五代明宗皇。

——《猴姜》（清）赵瑾叔

一、物种本源

拉丁文名称，种属名

骨碎补为水龙骨科骨碎补属植物槲蕨［*Drynaria fartunet*（Kunze）J. Sm.］的干燥根茎，又名肉碎补、石碎补、飞天鼠、爬岩姜、岩连姜、猴姜等。

形态特征

骨碎补有许多横生的粗壮的根状茎，上面有很多棕黄色像钻一样的披针形小鳞片。它有两种类型的叶子，一种是营养叶，另一种是孢子叶。营养叶多数无柄、红棕色、边缘浅裂、叶片呈广卵形；孢子叶有7～13对裂片，呈绿色或长椭圆形，羽状深裂，披针形，厚纸质，两面均绿色而无毛，叶脉明显。

习性，生长环境

骨碎补在我国南方各省均有分布，生于山地林中树干或岩石上。

二、营养及成分

骨碎补槲蕨的根茎中含有柚皮甙、7-羊齿烯、3-雁齿烯、β-谷甾醇、豆甾醇、采油甾醇及四环三萜类化合物等成分。

三、食材功能

性味 味苦，性温。

归经 归肝、肾经。

功能

（1）骨碎补具有预防血清胆固醇、甘油三酯升高的功效，可以防止主动脉粥样硬化斑块形成；另外骨碎补中含有的骨碎补多糖和双氢黄酮苷，能够降低血脂和抗动脉硬化，有益血管健康。

（2）骨碎补能促进骨对钙的吸收，提高血钙和血磷水平，有利于骨折的愈合；还能改善软骨细胞，推迟骨细胞的退行性病变。

（3）骨碎补中的双氢黄酮苷有明显的镇静、镇痛作用。

骨碎补

四、烹饪与加工

骨碎补猪骨汤

（1）材料：骨碎补、丹参、鲜猪长干骨、红萝卜、料酒、姜、盐、味精、五香粉、麻油。

（2）做法：将骨碎补、丹参切碎或切成片，放入纱布袋；将红萝卜

骨碎补猪骨汤

切块备用；将鲜猪长干骨洗净、砸断，放入砂锅，加适量水，大火煮沸，撇去浮沫；再放入骨碎补、丹参药袋和红萝卜、姜末，中火煮30分钟左右，取出药袋，最后加入盐、味精、五香粉、麻油，拌和均匀即可。

骨碎补猪腰汤

（1）材料：骨碎补、猪腰、红枣、姜、盐、生抽。

（2）做法：将骨碎补研为细末或砸碎；把猪腰洗净、切开，剔去中间筋膜，再用盐搓洗，清水冲净；把骨碎补放入猪腰内，用线扎紧，放进瓦煲内，加入适量清水、红枣，武火煲沸后，改用文火煲120分钟左右，放入适量盐和生油调味即可。

五、食用注意

（1）骨碎补性温，故阴虚火盛者不宜用。

（2）孕妇、儿童慎用。

传说故事

猴为猴疗伤的传说

从前，凤阳山上住着一位以采药为生的老人，养着一只聪明伶俐的小猴，以猴为伴。

一天，他带着小猴上山采药，当攀爬到悬崖顶上采一棵草药时，小猴不幸跌了下来，前后肢均骨折，痛得凄声鸣叫。老人把小猴抱回草棚，并找来各种草药给它治伤，可是，不见好转。夜里，老人刚睡下，突然听见一阵响声，睁眼一看，只见七八只猴子从草棚的破窗口跳了进来。老人偷偷地瞧着，只见它们悄悄地走到伤猴窝边，看看它，摸摸它，又吱吱地叫几声，然后，一只老猴叫了一声，猴子们就跳出窗口走了。不一会儿，这只老猴又跳了进来，嘴里衔着一根野草，野草的叶子有巴掌那么大，野草下结着一个鸡蛋大的块根。它走到伤猴窝边摘下块根，塞进嘴里嚼了起来，嚼烂了便吐在伤猴的腿上，再用前爪抹平，接着又摘下野草上的叶子贴在伤腿上，最后用叶茎一圈圈地缠住伤腿，一切做好后，老猴在伤猴耳边，轻轻叫了几声，便跳出破窗走了。不几天，伤猴的腿竟痊愈了。

老人按野草的样子，在山上终于找到了这种野草。因为这野草是老猴献出来的，又因为它的块根辛辣如姜，所以老人便取名“猴姜”。以后，人们因为猴姜能治跌打损伤、骨折等症，又取名为“骨碎补”。

淫羊藿

为之讲灵面，不为世俗知。
盖以多见贱，蓬藿同一亏。
君如听予服，此语不敢欺。
勿信柳子厚，但夸仙灵脾。

——《寄何首乌丸与友人》（北宋）文同

一、物种本源

拉丁文名称，种属名

淫羊藿（*Epimedium brevicornu* Maxim.），为小檗科淫羊藿属植物淫羊藿的干燥叶，又名仙灵脾、三叉丰、放杖草、三叉骨等。

形态特征

淫羊藿有长约20厘米的圆柱形细茎，细茎表面呈黄绿色或淡黄色，有光泽。复叶由卵形的长为3~8厘米、宽为2~6厘米的小叶片组成；先端微尖，顶生小叶基部像心形，两边有相对较小的偏心形小叶，外侧的耳状小叶相对比较大而且其边缘有像刺毛一样的参差不齐的细锯齿，呈黄色；有7~9条主脉，基部有稀疏细长毛，两侧均突出，网状静脉明显；小叶柄长为1~5厘米。

淫羊藿

习性，生长环境

淫羊藿生于林下、沟边灌丛中或山坡阴湿处，其主要产于福建、四川、云南、广西等地。

二、营养及成分

据测定，淫羊藿主要含有的有效成分为黄酮类化合物、木脂素、生物碱、挥发油等，淫羊藿植物种还含有卅一烷、蜡醇、棕榈酸、油酸、银杏醇、亚麻酸、葡萄糖、木兰碱、果糖、维生素A、维生素B、维生素C、维生素D、维生素E等。叶片和茎中含去氧甲基淫羊藿甙、淫羊藿次甙、淫羊藿甙等。此外，它还含有异槲皮素、箭叶淫羊藿甙等。

三、食材功能

性味　味辛、甘，性温。

归经　归肝、肾经。

功能

（1）祛风湿。风寒、偏瘫等疾病源于气虚和血液障碍，寒湿进入人体，淫羊藿性温可以温通气血，消除凝血，通经活络。

（2）抗菌、抗病毒、抗炎。淫羊藿对脊髓灰质炎病毒和其他肠道病毒具有明显的抑制作用。

四、烹饪与加工

淫羊藿茶

（1）材料：淫羊藿、枸杞、西洋参。

（2）做法：用适量开水冲泡淫羊藿、枸杞、西洋参即可。

淫羊藿茶

淫羊藿山药面

（1）材料：淫羊藿、山药、桂圆肉、干面条、料酒、酱油。

（2）做法：先将山药洗净后去皮，用刀切成块状备用，再将淫羊藿洗净，水煎至榨汁，随后在锅中放入山药和桂圆，大火熬制20分钟后加入适量的面条，待面条煮熟后加料酒和酱油即可。

淫羊藿蛎肉汤

（1）材料：淫羊藿、牡蛎、太子参、红枣、姜、盐。

（2）做法：将淫羊藿、牡蛎、太子参、红枣、姜洗净依次放入锅内，加适量的水；先用大火煮沸，再改用文火煮60分钟左右，加盐调味即可。

五、食用注意

（1）口干、手脚发烧、潮热、盗汗等症状，阴虚火炎、虚火、阴火的人，不宜服用。

（2）孕妇慎用。

（3）本品性较燥烈，能伤阴动火，故用量不宜过大。

传说故事

陶弘景与淫羊藿

据记载，南北朝时的著名医学家陶弘景是个业精于勤、对中医药执着追求的人。一日，采药途中，他忽听一位老羊倌对旁人说：“有种生长在树林灌木丛中的怪草，叶青，状似杏叶，一根数茎，高达一二尺。公羊啃吃以后，与母羊交配次数会明显增多。”谁知说者无心，听者有意，陶弘景暗自思忖：这很可能就是一味还没被发掘的补肾良药。于是，他不耻下问，虚心向羊倌实地请教，又经过反复验证，果然证实这野草的补肾作用不同凡响。因公羊吃了该草后会淫乱母羊，故起名叫“淫羊藿”。

参考文献

[1] 于京华，岳喜典. 人参的保健功能及其在食品中的应用 [J]. 食品研究与开发，2021，42（21）：218-224.

[2] 蒋常鹏，李昕曈，曹文正，等. 基于人参功能活性的保健食品开发现状与展望 [J]. 保鲜与加工，2021，21（11）：113-120.

[3] 白钰，张益恺，徐芳菲，等. 人参花化学成分研究进展 [J]. 人参研究，2021，33（5）：54-58.

[4] 韩月. 西洋参作为保健食品备案原料的可行性论证研究 [D]. 北京：北京中医药大学，2017.

[5] 吴首蓉，郭晓宇，屠鹏飞，等. 西洋参化学成分、生物活性、品质评价及产品开发研究进展 [J]. 药学学报，2022，57（6）：1711-1725.

[6] 纪瑞锋，袁媛，刘娟. 人参叶与人参化学及药理活性差异分析 [J]. 中华中医药杂志，2017，32（5）：2269-2272.

[7] 刘桂英. 人参叶化学成分及其生物活性研究 [D]. 吉林：吉林大学，2011.

[8] 孙正旺. 人参叶皂苷生物转化的研究 [D]. 大连：大连工业大学，2013.

[9] 滕力庆，周涛，王晓，等. 太子参化学成分及其药理作用研究进展 [J]. 食品与药品，2021，23（1）：73-79.

[10] 杨倩，蔡茜茜，林佳铭，等. 太子参的生物活性及其在食品工业中的应用

[J]. 食品工业科技，2021，42（11）：335-341.

[11] 边惠琴，武晓玉，夏鹏飞，等. 党参的研究进展及质量标志物的预测分析[J]. 华西药学杂志，2022，37（3）：337-344.

[12] 葛斌. 党参提取物改善机体功能作用的研究[D]. 吉林：吉林大学，2019.

[13] 乔丽芳，李香串，任飒. 党参在保健食品配方中的应用[J]. 中国野生植物资源，2018，37（4）：74-79.

[14] 王晓琴，苏柯萌. 北沙参化学成分与药理活性研究进展[J]. 中国现代中药，2020，22（3）：466-474.

[15] 刘伟，李中燕，田艳，等. 北沙参的化学成分及药理作用研究进展[J]. 国际药学研究杂志，2013，40（3）：291-294.

[16] 刘丽花. 何首乌炮制的研究进展[J]. 光明中医，2021，36（20）：3450-3452.

[17] 冯科冉，李伟霞，王晓艳，等. 丹参化学成分、药理作用及其质量标志物（Q-Marker）的预测分析[J]. 中草药，2022，53（2）：609-618.

[18] 王云龙，房岐，郑超. 丹参化学成分、药理作用及质量控制研究进展[J]. 中国药业，2020，29（15）：6-10.

[19] 李翎熙，陈迪路，周小江. 玄参化学成分、药理活性研究进展及其质量标志物分析预测[J]. 中成药，2020，42（9）：2417-2426.

[20] 刘芳，黄晓洁，林美妤，等. 玄参药材等级质量研究[J]. 中药新药与临床药理，2020，31（8）：978-983.

[21] 刘年珍，赵碧清，钱群刚，等. 玄参化学成分的研究[J]. 中成药，2019，41（3）：576-579.

[22] 韩文聪，董优，孙颖，等. 小蓟的药理作用与临床应用研究[J]. 海峡药学，2019，31（4）：84-87.

[23] 罗婷. 石岩枫、小蓟及益母草的化学成分及活性研究[D]. 昆明：云南大学，2019.

[24] 李鹏飞，苗明三. 小蓟的现代研究与应用分析[J]. 中医学报，2014，29（3）：381-383.

[25] 鲍建才，刘刚，丛登立，等. 三七的化学成分研究进展[J]. 中成药，2006，28（2）：246-253.

［26］ 赵静，夏晓培．当归的化学成分及药理作用研究现状［J］．临床合理用药杂志，2020，13（6）：172-174.

［27］ 王志睿，林敬明，张忠义．刺五加化学成分与药理研究进展［J］．中药材，2003，26（8）：603-606.

［28］ 赵倩，李波，关瑜，等．贝母属药材化学成分、药理作用及临床应用研究进展［J］．中国药业，2020，29（5）：57-60.

［29］ 牛犇．贝母花中生物碱提取分离纯化及其功效评价［D］．宁波：浙江万里学院，2015.

［30］ 李菡，武康雄，史闯豪，等．土贝母化学成分、药理作用及临床应用研究进展［J］．中国中药杂志，2021，46（17）：4314-4322.

［31］ 白雪．基于抗炎作用的知母生物评价方法研究［D］．大理：大理大学，2021.

［32］ 范顺明，张春玲，王佳琪，等．知母炮制的现代研究进展［J］．中药材，2020，43（2）：510-516.

［33］ 高帅．知母活性成分提取工艺优化及降糖活性研究［D］．杭州：浙江工业大学，2013.

［34］ 叶敏，阎玉凝．菟丝子药理研究进展（综述）［J］．北京中医药大学学报，2000，23（5）：52-53.

［35］ 陈顺，关延彬．骨碎补药理作用的研究进展［J］．医药导报，2006，25（7）：685-687.

［36］ 秦涛，高祉婧，苏艳芳，等．芦根化学成分及其抗氧化和α-葡萄糖苷酶抑制活性［J］．中成药，2022，44（3）：798-806.

［37］ 成孟华．贡山藜芦根的化学成分研究［D］．昆明：云南中医药大学，2021.

［38］ 胡杨，李先芝，刘洋，等．杜仲化学成分、药理作用及应用研究进展［J］．亚太传统医药，2022，18（2）：234-239.

［39］ 高宏伟，李玉萍，李守超．杜仲的化学成分及药理作用研究进展［J］．中医药信息，2021，38（6）：73-81.

［40］ 杜航，何文生，胡红兰，等．白术活性成分药理作用研究进展［J］．江苏中医药，2022，54（5）：76-80.

［41］ 徐硕，徐文峰，姜文清，等．白术质量评价的研究进展［J］．西北药学杂

志，2022，37（1）：152-155.

［42］龚华乾，高敏，柴艺汇，等．淫羊藿化学成分与药理作用研究进展［J］．湖北民族大学学报（医学版），2021，38（4）：75-78.

［43］罗露，袁志鹰，黄惠勇，等．淫羊藿化学成分及药理研究进展［J］．亚太传统医药，2019，15（6）：190-194.

［44］张华峰，杨晓华．淫羊藿在食品工业中的应用现状与展望［J］．食品工业科技，2010，31（5）：390-393.

［45］张旭光．海南产高良姜化学成分研究及对脂质的影响［D］．海口：海南医学院，2017.

［46］周莹，朱卫丰，章明，等．高良姜及其化学成分调控物质能量代谢的药理学研究进展［J］．中药新药与临床药理，2017，28（1）：127-132.

［47］黄莉娟．高良姜的营养成分及保健功能研究进展［J］．中国食物与营养，2012，18（8）：73-76.

［48］王东方，王庆忠，曹慧．淡竹叶有效成分提取及生物活性研究［J］．南方农业学报，2015，46（6）：1034-1037.

［49］史洋，刘峰，杨东花，等．淡竹叶药效物质基础研究进展［J］．中国现代中药，2014，16（7）：597-600.

［50］蔡慧卿，詹志来，郑丽香，等．中药淡竹叶质量标准研究概况［J］．中医学报，2017，32（12）：2430-2434.

［51］吴超，丛晓娟，高源，等．菊苣酸的研究现状与展望［J］．中华中医药杂志，2021，36（12）：7234-7238.

［52］徐慧哲，王雨，毛秋月，等．菊苣化学成分及其防治尿酸相关代谢性疾病研究进展［J］．世界中医药，2021，16（1）：35-40.

［53］樊晓霞．藤类中药的文献研究［D］．北京：北京中医药大学，2007.

［54］宋述灵．官山大样地木质藤本对树木生长与群落结构的影响［D］．南昌：江西农业大学，2019.

［55］陈献，王艳红．墨旱莲的化学成分与药理作用研究进展［J］．广西中医学院学报，2008（1）：76-78.

［56］王爱梅，耿若君，李弋，等．旱莲草对老年痴呆模型大鼠学习记忆及海马神经递质的影响［J］．中国中医基础医学杂志，2016，22（3）：332-335.

[57] 高胡彤悦，高盼盼，臧应达，等. 补骨脂的化学成分研究 [J]. 中国药物警戒，2021，18（6）：556-561.

[58] 魏蒙蒙，王树瑶，杨维，等. 补骨脂的化学成分及主要毒性研究进展 [J]. 中国实验方剂学杂志，2019，25（7）：207-219.

[59] 梁建军，徐亚莉，田树喜，等. 补骨脂研究现状及前景 [J]. 河北中医，2013，35（12）：1904-1906.

[60] 孔伟华，徐建波，崔琦，等. 白及化学成分、药理作用和白及多糖提取工艺的研究进展 [J]. 中医药信息，2021，38（9）：69-78.

[61] 王未希，杨兴玉，朱炳祺. 白及化学成分及应用的研究进展 [J]. 光明中医，2021，36（7）：1183-1186.

[62] 姚辛敏，周晓洁，周妍妍，等. 远志化学成分及药理作用研究进展 [J]. 中医药学报，2022，50（2）：103-107.

[63] 刘露，冯伟红，刘晓谦，等. 中药远志的研究进展 [J]. 中国中药杂志，2021，46（22）：5744-5759.

[64] 邸学，刘雅晴，田盛，等. 远志多指标成分活性效应质量评价研究 [J]. 辽宁中医药大学学报，2022，24（4）：37-41.

[65] 张茜，周洪雷，李民，等. 莱菔子化学成分研究 [J]. 山东中医杂志，2018，37（8）：684-687.

[66] 马东. 中药莱菔子的化学成分及药理作用研究进展 [J]. 中国社区医师，2014，30（20）：5-6.

[67] 魏富芹，黄蓉，何海艳，等. 天麻的药理作用及应用研究进展 [J]. 中国民族民间医药，2021，30（11）：72-76.

[68] 郭莲，宋娜丽，万春平. 天麻的鉴定与药理活性研究进展 [J]. 云南中医中药杂志，2019，40（7）：76-78.

[69] 郭佳欣，谢佳，蒋丽施，等. 天麻保健食品开发现状分析 [J]. 中草药，2022，53（7）：2247-2254.